식생활과 건강

식생활과 건강

이지연, 최정희, 이정희, 이승민, 이애자, 이영미, 최영희 편저

머 | 리 | 말

불과 한 세기 전만 해도 사람들의 하루 일과는 식량을 구하고, 구한 식량을 조리해서 먹는 것으로 채워졌다. 그러던 것이 현대에 들어오면서 산업의 발달과 대규모 농업 단지의 등장으로 '식생활' 자체에 변화가 생기게 되었고, 좀 더 저렴하고 편리하게 식품을 '구매' 할 수 있게 되었다. 이처럼 '구매' 하는 단계에서의 '먹는다' 는 것은 단순히 배만 채우는 것이 아니라 '웰빙', 즉 건강에 이로운 식품을 '제대로 잘 구입하여 먹는 것' 이 중요한 구성요소가 되었다. 따라서 '무엇을' 먹는가에서 '어떻게' 먹을 것인가 하는 것에 관심을 기울이게 된 것이다.

인간의 식품 섭취가 생존을 위한 단계에서 탈피하고 과거와는 비교할 수 없는 '문화' 적 생활을 누리게 되면서 사람들은 '잘 다듬어진 신체' 에 눈을 돌리게 되었고, 이는 단순히 미의 기준을 넘어서 현대를 살아나가는 주요 조건 중 하나가 되었다. 이로 인해 '잘 다듬어진 신체' 를 얻기 위한 잘못된 다이어트와 식습관이 생겨나게 되면서 과거에는 드물었던 식이성 정신질환까지 만연하게 되었다. 또한 산업화의 영향이 미치지 않은 일부 지역을 제외하고는 대부분의 현대인들은 넘쳐나는 식품과 식품정보 속에서 과거보다 오히려 더 '배를 곪주리며' 살고 있는 아이러니한 현실에 처하게 되었다.

이에 '식품의 기본', 즉 식품의 구성요소 및 각 구성요소가 우리 몸에서 하는 일에 대해 알아본다면 좀 더 바람직한 식생활이 가능해지지 않을까 하는 바람으로 이 책을 준비하게 되었다. 따라서 이 책이 현대인의 건강한 식생활을 위한 길잡이가 될 뿐만 아니라 앞으로 건강한 식생활을 만들고 주도해야 할 학생들에게는 기본 교양서가 되기를 기대한다.

2010년 2월 저자

차 | 례

1

건강과 현대 식이

Ⅰ. 식재료 공급의 변화

Ⅱ. 얼마나 건강한 식사를 하고 있을까?

01 식재료 공급의 변화

그다지 오래지 않은 과거에만 해도 사람들은 음식 재료를 얻고 조리를 하는 데 하루의 대부분을 보냈다. 약 100년 전에는 매 끼니마다 식사 준비를 하고 저녁마다 온가족이 모여 먹을 음식을 하루 종일 준비하는 것이 주부의 일상적인 활동이었다. 그러나 현대사회로 오면서 가정에서 주부가 요리하는 것은 특별한 일이 되었다. 슈퍼마켓에서도 조리 재료를 진열하는 신선식품 코너가 나날이 줄어들고 반조리된 식품, 인스턴트, 냉동 가공식품, 조리된 반찬 코너는 더욱 확장되고 있다.

가정 생활도 3인 이하의 가족들로 구성된 미니 가정들이 점점 늘어나면서 재료를 사서 요리를 해 먹는 것보다는 조리된 음식을 사는 편이 더 경제적이라는 통계도 있다. 집에서 김밥 서너 줄을 싸기 위해 여러 가지 재료를 사는 것보다는 김밥 전문점에서 만든 김밥을 사는 것이 돈이 적게 든다. 만드는 데 수 시간이 걸리던 음식을 단 2~3분이면 데워 먹게 되면서 식사에 들이는 시간도 갈수록 줄어들고 있으며, 가정요리는 패스트푸드 레스토랑에서의 식사로 대체되는 추세를 보인다. 한국 사회도 세 끼 식사를 모두 외식으로 해결하는 가정의 수가 점점 증가하고 있고, 가공식품의 구매가 편리해지면서 가공식품 소비도 점점 늘어나고 있다.

그림 1-1 가공식품의 생산이 증가하면서 한국의 식생활도 외식, 배달음식, 냉동 가공식품 이 용도가 높아지고 있다.

02 얼마나 건강한 식사를 하고 있을까?

가공식품의 소비가 늘어나면서 한국인이 섭취하는 열량과 단백질, 지방 및 무기질, 비타민의 양도 크게 변화하고 있다. 30년 전보다 곡류의 소비량은 줄어드는 반면, 육류와 어류 등 단백질과 지방의 양은 계속 늘고 있다. 당질의 에너지 공급량은 1965년 83.2%에서 2003년 61.2%로 줄어들어 쌀 소비량의 감소와 축을 같이 하고 있다. 단백질 공급량은 같은 시기 58g에서 99.6g으로, 지방은 21g에서 84.3g으로 약 4배 증가하였다.

설탕과 유지류의 소비량이 급증하고 있다. 1965년 설탕의 공급량은 1인 1일 6g에서 1999년도에는 1일 47g, 2003년도에는 57g으로 소비량이 약 9배나 증가하였다. 유지류는 1965년 1인 1일 2g에서 2003년에는 45.5g으로 약 20배가량 증가하였다. 이 결과로 보아 한국의 열량원이 곡류로부터 건강에 좋지 않은 단순당인 설탕과 유지류로 변동되었음을 알 수 있다. 또한 간식의 종류도 고구마나 감자, 찐 옥수수, 과일 같은 1차적인 식품의 구매가 감소하는 반면, 짠맛의 스낵과 탄산음료, 피자나 햄버거, 닭튀김 같은 고열량, 고지방, 저영양 가공식품들의 구매가 늘어났다.

그 결과 최근 한국인의 사망 원인도 많이 달라져서 서구와 유사하게 변화하고 있다. 10여 년 전에 비하여 악성종양이나 심장질환, 당뇨나 뇌혈관질환과 같은 생활습관병이 늘어나 전체 사망자의 57%를 차지한다. 이 생활습관의 중요한 부분은 매일 먹는 식사의 변화와 직결되어 있다표 1-1.

표 1-1 한국인의 1인 1일당 영양공급량 변화 추이

	1965년	1985년	2003년
에너지(kcal)	2,105	2,695	2,985
당질(%)	83.2	75.0	61.2
지방질(%)	6.1	13.2	25.4
단백질(%)	10.7	11.8	13.4

특히, 유전적으로 질병에 대한 가족력이 있는 사람은 어린 시기부터 질병을 예방할 수 있는 건강한 식생활이 필요하다. 예를 들어, 사망 1순위 원인인 암(악성종양)과 식생활과는 밀접한 관계가 있다. 여러 역학연구들에서 발암 요인과 암발생 간의 인과관계를 근거로 하여 위험요인들을 연구하고 있는데, 세계보건기구(WHO)의 산하기관인 국제암연구소(IARC) 및 미국국립암협회지(JNCI)에서는 전체 암의 70% 정도가 흡연, 감염, 음식 등 환경적 요인이 유전적인 환경에 더하여질 때 발생한다고 발표하였다표 1-2. 그중에서도 한국인에게 주로 발생하는 위암, 대장암 등은 식사와 강한 상관 관계가 있다그림 1-3, 그림1-4, 표 1-3.

표 1-2 한국인 10대 상망 원인 분석

순위	사망 원인	주 식사 요인
1	암	가공식품, 저비타민식, 저단백식, 고NaCl식, 탄 음식
2	뇌혈관질화	고지방식
3	심장질환	고지방식
4	당뇨	고칼로리식
5	자살	–
6	교통사고	–
7	간질환	음주, 고지방식
8	만성질환	–
9	고형압	고NaCl식, 고지방
10	폐렴	

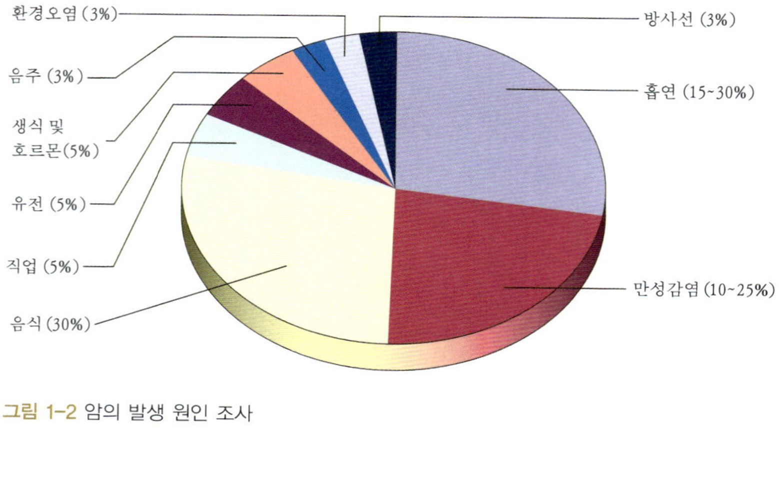

그림 1-2 암의 발생 원인 조사

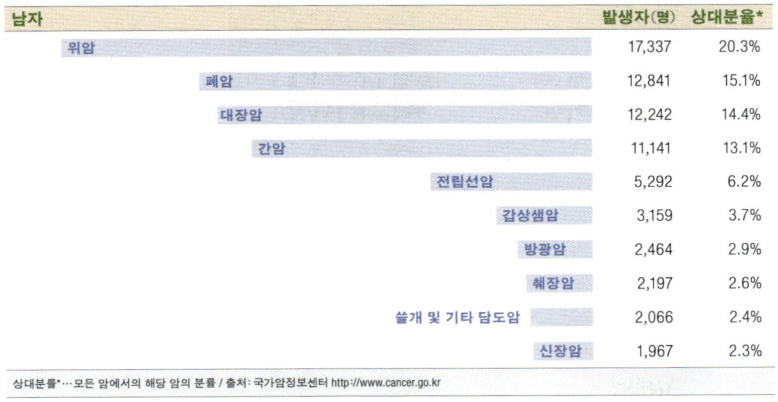

그림 1-3 한국인 남자의 10대 암 발생분율(2007년)

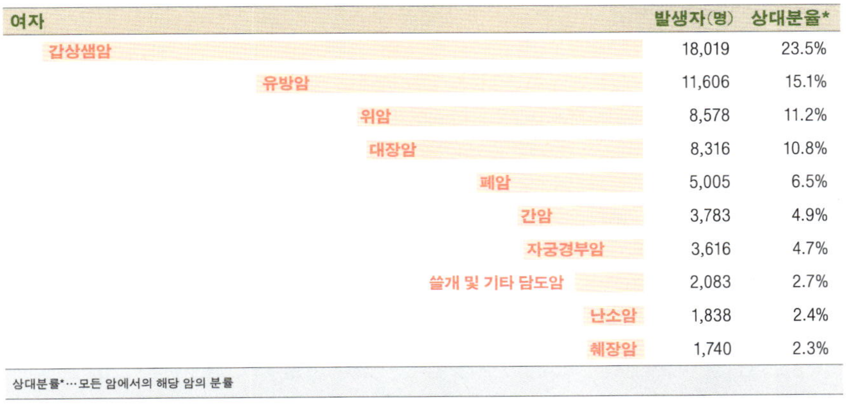

그림 1-4 한국인 여자의 10대 암 발생분율(2007년)

표 1-3 한국인에서 흔한 암의 추정 원인

암 발생 부위	일반적인 원인
위암	식생활(염장식품 – 짠 음식, 탄 음식, 질산염 등), 헬리코박터균
폐암	흡연, 직업력(비소, 석면 노출 등), 대기오염
간암	간염 바이러스(B형, C형), 간경변증, 아플라톡신
대장암	비만, 고지방식, 과다한 육류 섭취, 저섬유소 식사, 유전적인 요인
유방암	비만, 고지방식, 음주, 여성호르몬, 유전적 요인
자궁경부암	인유두종 바이러스, 성관계

※ 붉은색은 식사와 관련된 원인 / 출처 : 암정보 제2판, 국립암센터 2006

● '편리함의 대가'

| 현명한 식품 선택 |

월요일 아침인데 피곤하다. 아침을 집에서 차려 먹는 대신 학교 가는 길에 길 모퉁이 까페에서 빵과 커피로 아침을 대신하면 좀 더 눈을 붙일 수 있는 20여 분의 시간을 더 얻을 수 있게 된다. 이 편안함의 대가는 얼마나 될까. 돈의 관점이 아니라 건강과 영양의 관점에서 보면 그 대가는 생각보다 더 클 수 있다.

아침으로 까페에서 초콜릿 케익 1조각과 카페라테 1잔을 마신다면 900kcal의 열량을 섭취하게 될 것이다. 김밥 한 줄도 500kcal나 된다. 주스를 곁들이면 700kcal가 넘게 된다. 그러고도 허전하여 10시가 넘으면 간식을 찾게 된다. 경제적으로도 평균 4,000원 정도는 사용하게 될 것이다. 집에서 밥을 먹는다면 김치와 생선구이 1토막으로 든든한 아침을 먹을 수 있다. 총 열량은 500kcal를 넘지 않는다. 게다가 속이 든든하여 점심 때까지도 다른 간식이 당기지 않는다. 빵으로 먹는다고 해도 토스트 2쪽에 땅콩버터를 바르고, 삶은 달걀 1개에 저지방 우유 한 잔을 곁들여도 500kcal 이내로 아침을 해결할 수 있다. 사먹는 음식에 비해 경제적일 뿐 아니라 낮은 열량과 높은 비타민과 무기질을 섭취 할 수 있다.

칼로리상으로 별 차이가 없는 것 같다고? 매일 아침 300kcal를 더 먹는다고 생각하면 1년이면 체지방량만으로도 1kg 가까이 늘게 된다. 우리 몸의 약 65%가 물로 이루어져 있다고 생각할 때 저울로는 3kg 정도가 슬그머니 늘어나 있을 것이다.

2

음식이 제공하는 영양소 – 열량영양소

사람이 살아가기 위해서는 45종의 영양소가 필요하다고 한다. 이중 필수영양소는 살기 위해 반드시 제공되어야 하는 것으로서 인체 내에서 합성할 수 없다. 예를 들어, 비타민 C는 인체 내에서 합성될 수 없는 영양소이기 때문에 식사로 제공되지 않으면 결핍증에 걸리게 되고 이 결핍증이 지속되면 사망할 수 있으므로 반드시 먹어야 하는 필수영양소이다. 또한 어떤 영양소는 체내에서 만들어지지만 필요한 양만큼 전량을 합성할 수 없기 때문에 일부는 식사로 제공되어야 하는 조건적인 필수영양소도 있다. 그러므로 이와 같은 점을 감안하여 식품을 선택할 때 필수영양소를 신중하게 고려하여야 한다.

음식에는 화학적으로 6군의 영양소가 있다. 탄수화물, 지방, 단백질, 물, 비타민류와 무기질이며, 이들 각 영양소는 체내에서 다양한 기능을 갖는다. 탄수화물과 단백질, 지방은 에너지를 제공하는 영양소인데, 에너지를 제공하는 영양소들은 물과 더불어 거의 모든 식품의 대부분을 차지하고 있기 때문에 다량영양소라고 부른다. 반면, 비타민과 무기질은 소량이 필요하며 음식물 내 함량도 적은 미량영양소들이다. 또한 탄수화물과 단백질, 지방과 비타민은 유기물영양소이고, 무기질과 물은 무기질 분자이므로 무기물영양소라고 부른다.

건강을 유지하기 위해서는 모든 영양소가 필요하며, 그중 다량영양소와 미량영양소는 열량제공, 체성분 조직, 성장과 유지에 필요한 조절작용을 한다.

탄수화물, 지방, 단백질에서 제공하는 열량은 킬로칼로리(kcal)로 측정할 수 있으며, 이중 탄수화물은 가장 쉽게 열량을 낼 수 있는 에너지원이다.

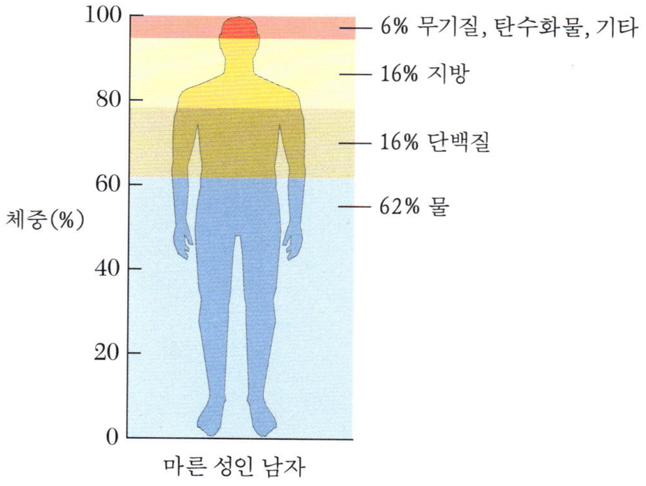

그림 2-1 물, 단백질, 지방은 인체에 가장 많이 있는 영양소이다.

01 탄수화물

| 1 | 탄수화물의 정의와 생성

1g의 탄수화물은 4kcal의 에너지를 낸다. 탄수화물에는 설탕이나 과일, 우유 등에 든 당류와 곡류에 들어 있는 전분이 포함되어 있다. 전분은 그림 2-2처럼 작은 당류가 사슬처럼 붙어 있다. 섬유소는 탄수화물이기는 하지만 소화가 되지 않아서 에너지를 제공할 수 없다. 곡류나 과일이 발효되어 생기는 알코올도 7kcal에 해당하는 열량을 낸다.

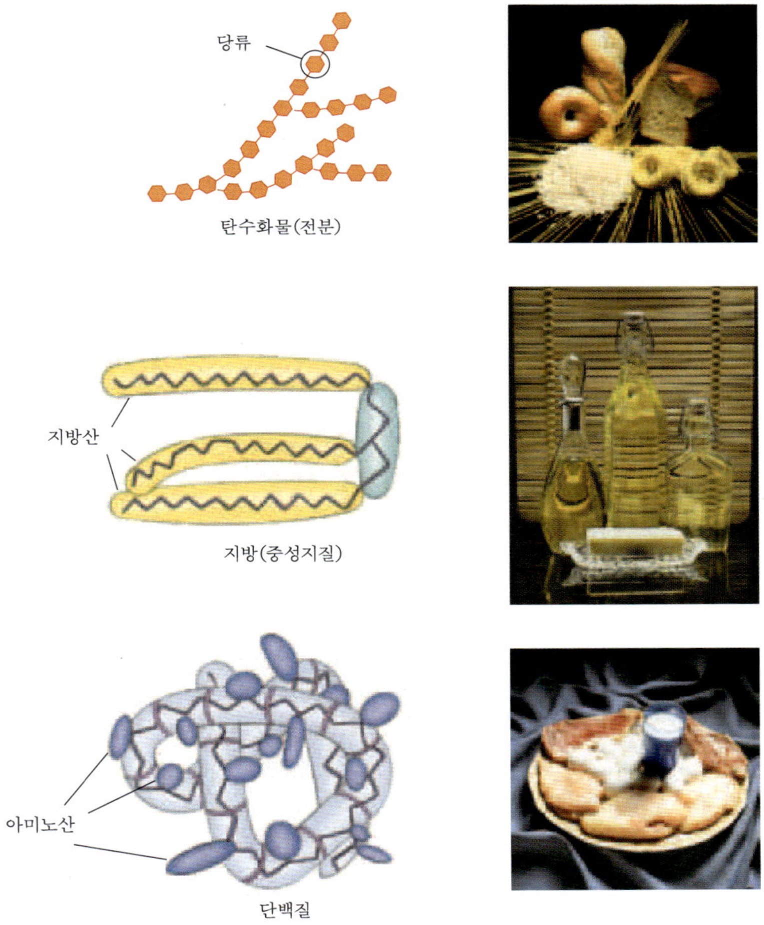

그림 2-2 전분과 단백질 그리고 중성 지방의 구조와 예

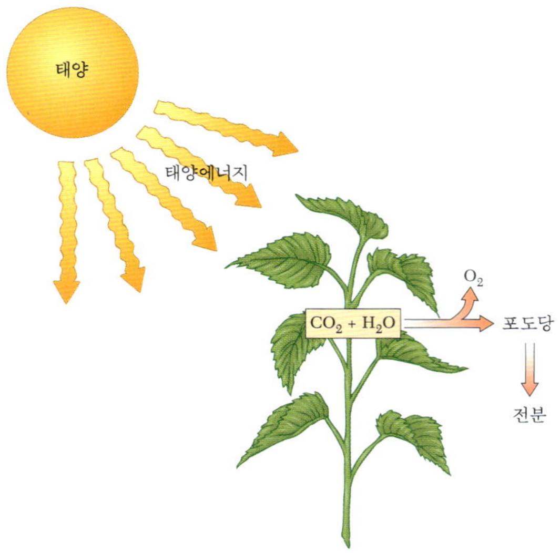

그림 2-3 광합성 과정을 통해, 태양으로부터 에너지를 이용해 이산화탄소와 물로부터 포도당을 합성한다. 포도당은 전분의 형태로 저장된다.

탄수화물은 탄소(C), 수소(H), 산소(O)의 3원소로 구성되어 있고, 광합성에 의해 식물에서 만들어진다. 또한 지구상에서 가장 많은 유기물이고, 모든 동물의 주요 에너지원이기도 하다. 사람도 탄수화물을 주식으로 하고 있다.

| 2 | 탄수화물의 구조

탄수화물이 들어 있는 식품은 쌀, 보리, 잡곡류, 감자, 토란, 밀, 과자류, 캔디, 설탕 등이다. 좀 더 자세히 살펴보면 설탕, 과일, 우유 등에 들어 있는 단순 탄수화물과 곡류에 들어 있는 전분과 같은 복합 탄수화물로 나뉜다.

2-1 단순 탄수화물

단당류

식이 중 가장 일반적인 단당류는 탄소(C) 수가 6개인 포도당, 과당, 갈락토스이며, 이를 6탄당이라 한다. 이중 포도당은 몸속에서 에너지의 급원으로 작용하기 때문에 항상 필요하다.

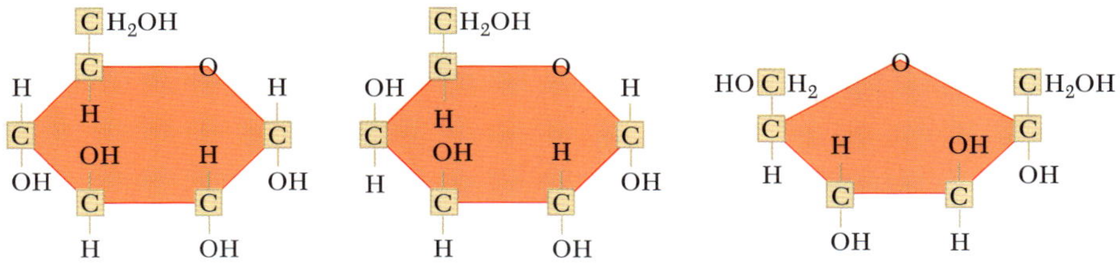

그림 2-4 단당류의 구조

포도당은 신경계와 적혈구에 특히 중요한 에너지원으로서, 혈액 내 혈당 유지가 제대로 되지 않으면 당뇨병에 걸리거나 뇌의 기능이 마비되고 혼수상태에 빠질 수도 있다. 따라서 우리 몸에 충분한 양의 탄수화물이 들어오지 않으면 지방이나 단백질로부터 포도당을 만들어내게 하기 때문에 우리 몸의 구조가 파괴될 수도 있다.

한때 고기만 먹고 탄수화물은 전혀 섭취하지 않으면서 살을 뺀다는 황제다이어트가 유행했으나 이는 탄수화물 부족으로 인해 체내 균형이 파괴된 결과로 생긴 탈수와 식욕부진 등을 동반한 일시적인 체중감소에 지나지 않는다. 이 방법은 오히려 몸에 부족한 탄수화물로 인해 메스꺼움, 두통, 어지러움, 체내 질소 축적으로 인한 신장기능 이상 등의 여러 가지 부작용을 유발시키기 때문에 더 이상 사람들의 관심을 끌지 못하고 사라졌다.

이당류

이당류는 단당류 두 개가 결합된 것이다. 설탕인 서당은 포도당과 과당이 결합된 이당류로서 사탕수수, 사탕무, 꿀, 메이플시럽에서 발견된다. 유당(젖당)은 포도당에 갈락토스가 결합된 것으로 동물성 식품(모유나 우유)에서 발견되는 유일한 당이다. 맥아당(엿당)은 2분자의 포도당으로 구성된 이당류로서 전분이 분해된 분해 산물이다. 밥을 몇 분 간 입에 물고 있으면 약하게 단 맛이 느껴지는데, 이는 침에 있는 아밀라제라는 전분 분해효소가 전분을 분해하여 단맛이 나는 맥아당을 일부 생성하였기 때문에 생기는 현상이다.

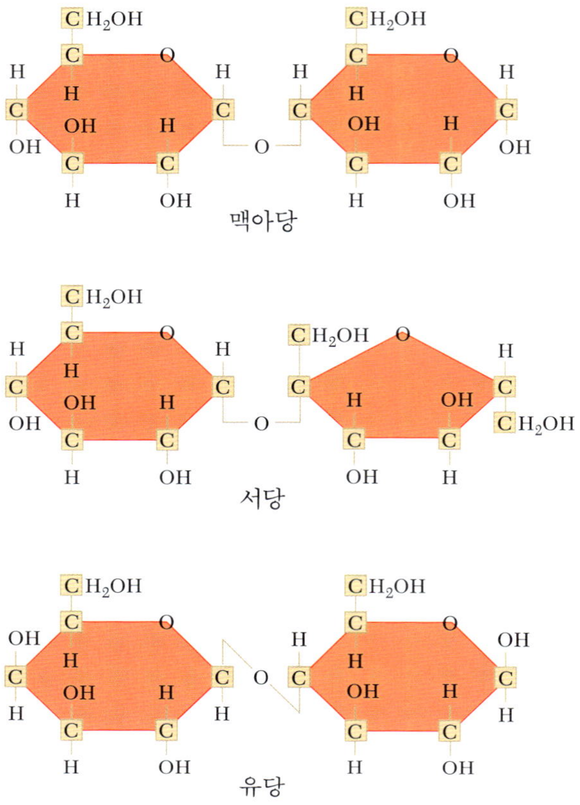

그림 2-5 몇 가지 이당류의 구조

2-2 복합 탄수화물

올리고당

단당류 3~10개가 사슬 형태로 결합하여 만들어진 것을 말하며, 밀, 콩, 우엉, 바나나, 죽순, 마늘, 양파 등의 자연식품에 들어 있다. 올리고당은 대부분 사람의 소화효소로는 분해되지 않고 대장에 있는 박테리아에 의해 분해되기 때문에 장을 튼튼하게 하고 변비를 막아준다. 또한 혈청 콜레스테롤도 감소시켜 주고 면역성을 높여 주며, 유익한 유산균을 활성화시켜서 대장암을 예방해 주는 효과가 있다. 올리고당은 설탕과 비슷한 단맛을 가진 저에너지 감미료로 쓰이기 때문에 다이어트 식품에 이용되기도 하고, 혈액 내 혈당이 급격히 높아지는 것을 조절하여 당뇨병 환자의 혈당조절에도 유용하다.

식이섬유소

섬유소는 인체 내의 효소로는 분해될 수 없기 때문에 체내로 흡수될 수 없다. 식이섬유소는 도정을 적게 한 현미에 많이 들어 있고, 호밀과 채소에도 들어 있는데, 특히 고구마에는 쌀밥 한 공기의 다섯 배가 넘는 식이섬유소가 들어 있다.

식물의 줄기나 고사리, 브로콜리 등의 단단한 줄기에 있는 섬유소는 장을 통과하는 시간을 짧게 하고 변의 양을 많게 해 주어 변비완화의 효과가 있다. 또한 사과, 바나나, 강낭콩, 씨앗에 들어 있는 섬유소는 포도당을 천천히 흡수시켜서 혈당을 조절해 주고, 혈청 콜레스테롤의 양도 줄여 준다. 즉, 식이섬유소는 음식물을 씹고 삼키는 데 시간이 걸리게 하여 다른 탄수화물의 흡수를 방해하고, 음식물의 대장 통과시간을 짧게 하여 포만감이 들면서도 영양소의 체내 이용률을 떨어뜨려 체중감소의 효과를 보인다.

또한 식이섬유소에 들어 있는 수분은 장에 있는 발암물질을 희석시키고, 발암물질과 직접 결합하여 체내로 흡수되지 못하게 하면서 배설시킨다. 게다가 식이섬유소는 부피가 커서 장의 연동작용을 활발하게 함으로써 음식물의 장 통과시간을 단축시켜 대장세포와 발암물질과의 접촉기회를 줄이기 때문에 대장암 예방 효과도 있다. 미국에서는 1870년대 중반 켈로그 박사가 식이섬유소가 많이 들어 있는 곡류를 제품화하고 아침식사용으로 판매하여 백만장자가 되었다.

그러나 건강한 성인에게는 섬유소가 많이 들어 있는 식사가 몸에 좋지만 영양소 필요량이 많거나 소화능력이 부족한 성장기 어린이나 노약자의 경우에는 식이섬유소 과다 섭취가 오히려 영양소의 섭취 부족을 가져올 수도 있다. 또한 식이섬유소 대사 과정에서는 메탄, 이산화탄소, 수소 등의 가스가 발생하여 위장관 통증, 복통을 유발하기도 하므로 주의해야 한다. 식이섬유소는 수분과 결합하는 능력이 있으므로 많은 양의 물을 마셔야 한다.

키토산

키토산은 물에 녹지 않고 몸 안에서 흡수되지 않는 동물성 식이섬유소이다. 새우, 게껍질에 있는 키틴으로 만든 물질로서, 자연계에서는 식물의 식이섬유소에 이어 두 번째로 풍부한 식이섬유소 생물자원이다.

키토산은 비만, 고지혈증, 고혈압 등 심장 관련 질병의 치료 및 예방에 효과가 있고, 항균

작용, 항산화 효과, 항암작용 및 면역기능을 높여 준다는 연구결과가 나와 있다. 따라서 최근 건강기능 식품산업에서도 키토산에 대해 관심이 높아지고 있다.

글리코겐

글리코겐은 동물의 탄수화물 저장체이다. 몸속으로 흡수된 포도당은 간과 근육에서 글리코겐의 형태로 저장되어 있다가 필요할 때 이용된다. 간 속 글리코겐은 분해되어 혈당을 유지해 주고 세포의 에너지원으로 이용되며, 근육에 저장된 글리코겐은 근육 수축 시 필요한 에너지원으로 이용된다.

글리코겐은 찬물에 녹으며, 사람의 경우 식사량을 줄이거나 근육 운동을 할 경우 바로 에너지원으로 이용되기 때문에 생리상태의 변화에 따라 그 함량이 달라진다.

전분

전분은 식물의 탄수화물 저장 형태이다. 전분은 포도당 분자가 긴 사슬 모양으로 연결된 아밀로오스와 가지 달린 사슬 형태인 아밀로펙틴의 두 가지 형태로 구성되어 있다.

전분은 식물의 성장과 생식을 위한 에너지를 제공하며 감자, 고구마, 밀, 보리, 쌀, 콩 등에 들어 있다. 멥쌀은 아밀로오스 20%, 아밀로펙틴 80%로 구성되어 있고, 찹쌀은 아밀로펙틴 100%로 구성되어 있다.

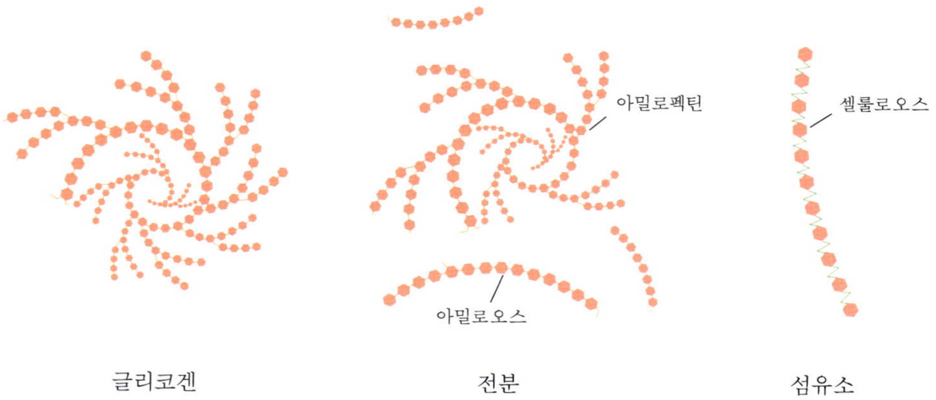

그림 2-6 복합다당류는 단당류의 긴 사슬 형태 또는 가지 달린 사슬 형태로 만들어진다.

| 3 | 소화관에서의 탄수화물

전분의 소화는 입에서부터 시작하는데, 침의 아밀라제 효소가 전분을 더 짧은 다당류로 분해하면서 시작된다. 전분과 이당류의 소화는 대부분 소장에서 일어나며, 췌장 아밀라제에 의해 단당류, 이당류, 올리고당으로 분해된다.

소장 융모세포에 있는 말타아제에 의해 맥아당(엿당)은 포도당 2분자로 분해되고, 서당(설탕)은 수크라아제에 의해 포도당과 과당이 되며, 유당(젖당)은 락타아제에 의해 포도당과 갈락토스가 된다. 최종 단당류인 포도당, 갈락토스, 과당은 흡수되어 간문맥 순환을 통해 간으로 이동된다.

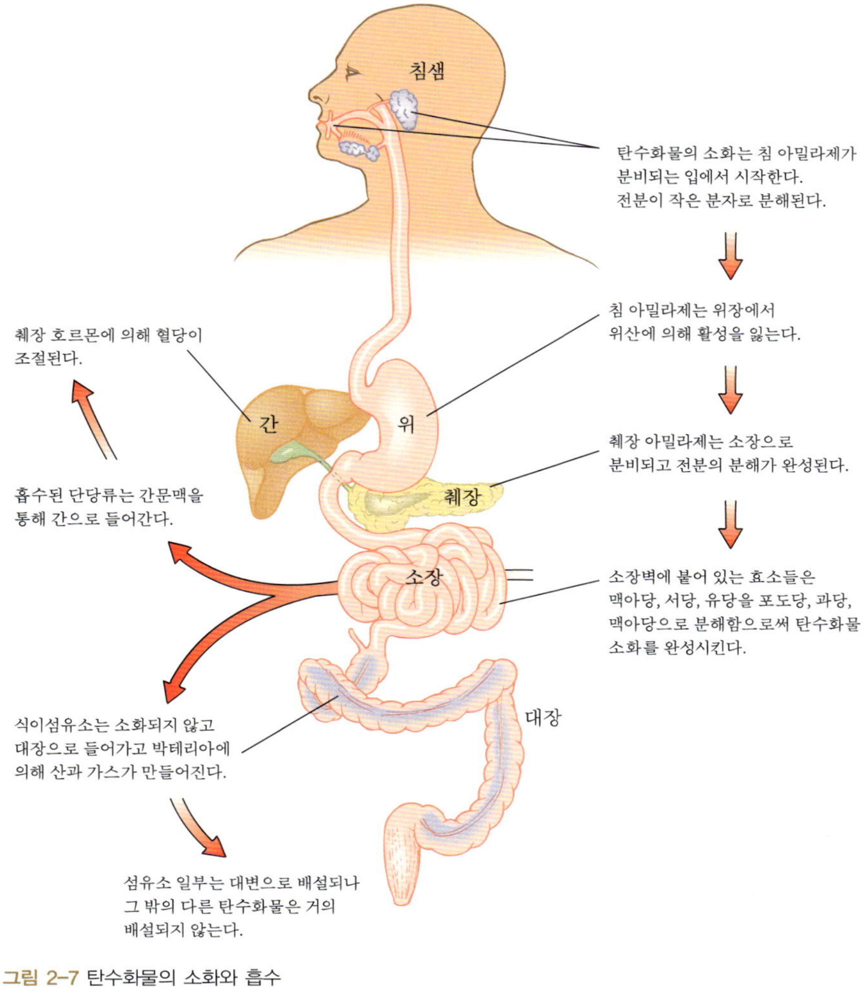

그림 2-7 탄수화물의 소화와 흡수

| 4 | 탄수화물과 건강

4-1 당뇨병

당뇨병은 대사성 질병으로서 몸 안에서 포도당을 정상적으로 이용할 수 없게 되어 혈액 속에 포도당이 증가하고 소변으로 당이 배설되면서 나타나는 질병이다.

우리가 먹는 음식의 성분 중 대부분은 몸 안으로 들어가면 당으로 바뀌는데 이렇게 만들어진 당은 혈액을 통해 각 세포로 운반된다. 또한 혈당이 세포 속으로 들어가기 위해서는 인슐린이라는 호르몬이 필요한데, 인슐린은 췌장에서 혈액으로 분비된 후 음식에서 얻어진 혈당이 세포 속으로 운반되도록 도와준다.

당뇨병 환자는 인슐린이 충분히 생성되지 못하거나, 정상적으로 분비되어도 조직에서 인슐린이 제 기능을 발휘하지 못해서 혈당이 세포 속으로 원활하게 운반되지 못한다. 그 결과, 혈액 속의 혈당량이 크게 증가하게 됨으로써 당이 소변으로 배설되는 것이다. 현재 당뇨병 환자는 점차적으로 늘어나는 추세인데, 당뇨병은 어떤 연령에도 걸릴 수 있지만 대부분 40~50대의 발병률이 높으며 어린이나 청소년기에도 발병할 수 있다.

그러나 성인일 때 걸린 당뇨병과 소아기에 걸린 당뇨병은 다르다. 어려서 발병한 당뇨병은 증세가 갑자기 나타나는데, 유전이나 면역체계 이상으로 췌장의 베타세포가 파괴되면서 인슐린이 분비되지 못하거나 부족한 경우에 발병된다. 반면 성인이 되어 발병하는 당뇨병은 증세가 서서히 나타나며, 비만, 운동부족, 스트레스 등이 원인이고, 인슐린 분비는 정상이지만 인슐린의 저항성이 증가하는 것, 즉 인슐린이 제 기능을 하지 못하는 경우가 대부분이다.

당뇨병 검사는 혈액검사를 통해서 이루어진다. 혈당검사는 8시간 이상 아무 것도 먹지 않은 공복 상태에서 측정한다. 정상인은 혈당이 110mg/dl 이하인데 비해 당뇨병 환자는 126mg/dl 이상이며, 공복이 아닌 시간에 측정한 혈당은 200mg/dl 이상이 나오기도 한다.

당뇨병으로 진단되기 전에 다음 중 한 가지 이상의 자각 증세가 나타난다. 우선, 심한 갈증 때문에 물을 많이 마시게 되거나 음식을 많이 먹게 된다. 또한 시야가 선명하지 않을 때가 자주 있고, 소변을 자주 보거나 배가 자주 고프며, 몸이 피로하고 힘이 없어진다.

당뇨병이 무서운 이유는 신장에 이상이 생기는 만성신부전증이나 심장에 병이 생기는 심근경색에 걸릴 위험이 높기 때문이며 뇌졸중, 시력장애 및 시력 상실, 발과 손끝 등의 말초 부위가 썩는 등의 여러 가지 합병증이 생기기 때문이다.

당뇨병의 치료방법은 약물요법, 운동요법, 식사요법 등이 있는데, 그중 당뇨병 환자에게 꼭 필요한 것이기도 하면서 가장 어려운 것이 식사요법이다. 식습관을 하루아침에 바꾸는 것이 쉽지 않기 때문이다. 하루 매끼 식사량을 동일한 수준으로 유지하여 혈당 상승을 최대한 억제하고 이상적인 체중을 유지할 수 있도록 음식의 양과 종류 및 식사 시간의 간격을 적절히 조절해야 한다. 일반적으로 당뇨병 환자들에게는 제한되거나 금지되는 식품이 많은 것으로 인식되어 왔으나 여러 음식을 골고루 섭취하여 각종 영양소를 알맞고 균형 있게 섭취하는 것이 가장 바람직하다.

당뇨병을 예방하려면 지방이 과다한 음식, 단당류가 많이 들어 있는 음식은 피하는 것이 좋다. 즉, 백미보다는 현미가 좋고, 보리, 조, 수수, 옥수수 등의 잡곡을 함께 먹으면 좋다. 감자는 찌거나 삶아서 먹는 것이 좋고, 닭고기는 껍질을 벗기고 먹는 것이 좋다. 채소는 섬유소가 풍부하고 열량이 적으면서 포만감을 주므로 배추, 시금치, 오이, 당근, 버섯 등을 식사에 많이 이용하도록 한다.

당뇨병 환자들의 식사 계획을 위해 식품교환표를 이용하면 여러 가지 음식물을 적당량 골고루 섭취할 수 있어 매우 편리하다. 식품교환표란 우리가 평소에 먹는 식품을 성분이 비슷한 종류끼리 곡류군, 어육류군, 채소군, 지방군, 우유군, 과일군 등 여섯 군으로 분류한 뒤 각 식품군 내에서 비슷한 열량과 영양소를 공급해 주는 각 식품의 단위 분량을 1교환으로 설정하고 각 개인의 열량 필요량과 영양소 필요량에 따라 각 군의 식품을 몇 교환씩 먹을 것인지를 결정하는 방식이다.

4-2 충치

고탄수화물 식사와 관련되어 가장 흔한 건강 문제는 충치이다. 충치는 가장 흔한 어린이 질환 중 하나로서 18세 이하의 85%가 충치를 가지고 있다. 충치는 입 안에 사는 미생물이 치아 표면에 플라그를 만들 때 생긴다. 플라그가 닦이지 않고 치실로도 제거되지 않거나 긁어도 제거되지 않으면, 박테리아는 음식물 중 탄수화물을 대사하여 산을 생산한다. 이 산은 에나멜층을 부식시켜서 충치를 발생시킨다. 박테리아는 정제된 설탕과 전분을 대사할 수 있는데 몇 가지 식품은 충치를 특히 더 생기게 하는데, 그 이유는 설탕과 같은 단당류는 가장 빨리 대사되어 치아를 손상시키는 산을 쉽게 만들기 때문이다. 또한, 이에 붙는 끈적한 전분질 식품도 충치를 촉진할 수 있다. 즉, 치아에 달라붙는 사탕류, 시리얼, 크래커, 쿠키, 건포도, 말린 과일들은 더 오래 남아 있어서 충치 유발균에게 영양소를 계속 공급하는 것이다. 반면에 초콜릿, 아이스크림, 바나나와 같은 식품은 쉽게 씻겨나가기 때문에 충치를 덜 조장한다. 그러나 스낵을 자주 먹거나 사탕을 빨거나 청량음료를 홀짝거리며 먹는 것은 박테리아에게 영양을 계속 공급해 주는 것이므로 충치의 위험을 증가시킨다. 설탕의 섭취를 제한하는 것으로 충치의 예방 효과를 볼 수는 있지만 식사의 다른 요인과 함께 적절한 치아위생이 더욱 중요하다.

유제품, 당알코올로 단 맛을 낸 무설탕껌 그리고 불소가 충치를 줄여줄 수 있으며 식사 후의 칫솔질은 어떤 음식을 먹었는지에 상관없이 충치의 위험을 줄여준다.

4-3 유당불내증

유당불내증은 유당을 소화시키는 효소, 즉 락타아제가 충분하지 못한 상태이다. 유당불내증이 있는 상태에서 소화되지 못한 유당이 대장을 통과하면 이곳에서 소화되지 못한 유당이 물을 끌어당기고 산과 가스를 만드는 박테리아에 의하여 대사된다. 이는 복부팽창, 가스가 차는 현상, 설사와 같은 증상의 원인이 된다.

유아는 유아기 동안 유당을 소화시키기 위한 락타아제를 충분히 생산한다. 효소의 활성은 2세부터 저하되기 시작하나 6세 이후까지는 별다른 증상이 나타나지 않으며 성인기까지 괜찮을 수도 있다. 따라서 성장을 계속하게 되면서 어떤 사람은 유당을 소화시킬 수 있는 능력이 생기는 데 반해, 어떤 사람은 유당소화 능력이 생기지 않는다. 이와 같은 이유가 무엇인지, 물려받은 유전자에 의해 유당불내증이 생기는 것인지 등에 대해서는 아직 명확하게 밝혀지지 않았다.

유당불내증은 소장의 감염 결과 혹은 다른 질환의 결과로도 발생될 수도 있다. 이러한 것을 2차 유당불내증이라 하는데, 그러한 상황이 해결되면 증상이 사라질 수 있다.

유당불내증 이환율

미국의 성인 3천만~5천만 명이 유당을 완전히 분해시킬 수 없는 것으로 추정되고 있다. 유당불내증의 빈도는 민족적 배경에 따라 다양한데, 주로 아시아인, 아프리카인, 미국인디

언, 지중해연안 사람들에게서 북미, 서유럽 사람들보다 더 흔하게 나타난다. 북서유럽인의 단지 5%가 유당불내증인데 반해, 아시아 성인의 거의 100%가 유당불내증이다. 아시안계 미국인 90%, 아프리카계 미국인 75%, 코카시안계(지중해 지역) 15%는 유당을 먹은 후 이 증상을 경험한다.

칼슘 필요량 충족하기

우유는 칼슘의 가장 중요한 급원이다. 사람마다 유당불내증 정도에 차이가 있으므로, 어떤 이는 유제품을 조금씩 나누어 먹어서 유당불내증의 증상 없이 칼슘 필요량을 충족시킬 수 있다. 한편, 소량의 유당도 소화시킬 수 없는 사람들은 두부, 생선, 야채와 같은 식품으로 칼슘의 필요량을 충족시켜야 하며, 이러한 식품은 유당불내증이 흔한 나라의 식사에서 제공된다. 예를 들어, 아시아에서는 두부와 뼈째 먹는 생선이, 중동에서는 치즈와 요구르트가 많은 양의 칼슘을 제공해 준다. 발효식품은 유당이 박테리아에 의해 분해되거나 가공과정에서 손실되기 때문에 칼슘의 좋은 급원이 된다. 아울러 칼슘강화식품, 칼슘보충제, 락타아제로 처리한 우유는 유당불내증 환자들에게 유용하다.

02 지질

지방은 9kcal의 열량을 내는데, 탄수화물에 비해 가볍기 때문에 무게 대비 에너지의 발열량이 많아서 효율적인 저장물질이 되므로 쓰고 남은 에너지는 지방의 형태로 체내에 저장된다. 중성지방은 탄소수와 포화도가 다른 지방산으로 구성되어 있는데 지방산의 종류에 따라 건강에 미치는 영향이 다르다. 지방산의 길이가 길고 포화도가 높을수록 심장질환의 발생 위험도를 높이고 불포화지방산은 그 위험도를 낮춘다. 콜레스테롤은 다른 형태의 지방으로서 세포막의 구성성분이고 혈액에 많아서 관상동맥경화와 관계가 있다.

| 1 | 정의

지질은 지방산과 글리세롤이 결합한 유기화합물을 지칭하며, 탄수화물과 마찬가지로 탄소(C), 수소(H), 산소(O)로 구성되어 있다.

| 2 | 지질의 종류

음식과 인체에서 가장 중요한 지질은 중성지방이며, 이는 세 개의 지방산을 함유하고 있다. 이 지방산들이 중성지방의 물리적 특성을 결정하며, 건강에 미치는 영향도 달라진다. 그 밖에 중요한 지질로는 인지질과 스테롤이 있다. 이들 지질의 구조는 인체 내에서의 기능에 영향을 미치며, 식품의 특성을 결정한다.

2-1 중성지방과 지방산

포화지방산

사슬 안에 있는 모든 탄소가 각각 두 개의 수소와 결합한 지방산은 수소로 포화되어 있으므로 포화지방산이라고 부른다. 주로 실온에서 고체상태로 존재하고 동물성 식품에 많이 함유되어 있다. 포화지방산이 들어 있는 식물성 식품으로는 팜유, 코코넛오일 등이 있는데 주로 열대 식물들에서 얻어지므로 열대유라고도 부른다. 일반 가정에서는 열대유를 거의 사용하지 않지만, 열대유는 불포화지방보다 산패에 강하며 저장기간도 길기 때문에 식품산업에서는 흔히 사용된다. 그러나 포화지방산이 건강에 미치는 악영향에 대한 관심이 증가하면서 오늘날에는 열대유를 사용하지 않는 식품업체들이 늘고 있다.

불포화지방산

불포화지방산은 수소로 포화되지 않은 탄소를 포함하고 있다. 탄소 사슬 안에 이중결합이 1개 있는 지방산을 단일불포화지방산이라고 하는데, 식품에서 가장 흔한 단일불포화지방산

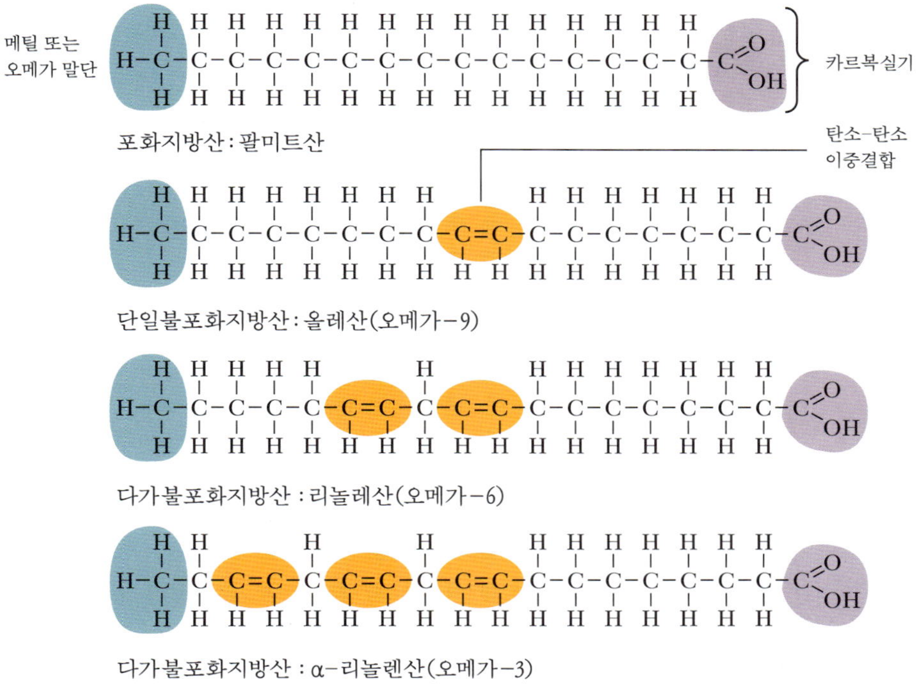

그림 2-8 포화지방산, 단일불포화지방산, 다가불포화지방산의 구조

은 올레산으로 이는 올리브유와 유채기름에 많이 들어 있다.

2개 이상의 이중결합을 갖고 있는 지방산을 다가불포화지방산이라고 부른다. 가장 흔한 다가불포화지방산으로는 옥수수기름, 잇꽃기름, 콩기름에 많은 리놀레산이 있다. 불포화지방산은 사슬 길이가 같은 포화지방산에 비해 녹는점이 낮다. 따라서 이중결합이 많을수록 상온에서 액체로 존재한다.

오메가-3(ω-3) 지방산과 오메가-6(ω-6) 지방산

사슬의 오메가기(CH_3)로부터 세어보았을 때 세 번째와 네 번째 탄소에 첫 번째 이중결합이 있으면 이 지방을 오메가-3 지방산이라고 부른다. 식물성 기름에 들어 있는 α-리놀렌산이나 생선기름에 들어 있는 EPA와 DHA가 오메가-3 지방산이다. 첫 번째 이중결합이 6번째와 7번째 탄소에 등장하면, 이런 지방산을 오메가-6 지방산이라고 하며, 옥수수기름과 잇꽃기름에 들어 있는 리놀레산이나 육류나 생선에 있는 아라키돈산이 대표적이다.

생선기름에 많이 들어 있는 오메가-3 지방산은 적혈구 세포가 끈적끈적하게 붙는 것을 없애고 맑고 유연성을 높여 주는 물질인 프로스타그랜딘의 생산을 촉진시킨다. 이 물질은 혈관의 혈액 응고물과 같은 것을 감소시키기 때문에 심장병 발병률을 낮춰준다. 특히, EPA나 DHA 등의 오메가-3 지방산은 심장병이나 암의 예방에 좋다. 특히 DHA는 어린이의 두뇌 발달에도 좋다는 실험보고가 있다.

시스와 트랜스 이중결합

이중결합 주위에 있는 수소원자의 위치도 불포화지방산의 특성에 영향을 미친다. 자연에 존재하는 대부분의 불포화지방산은 두 개의 수소원자가 이중결합을 기준으로 같은 방향에 위치하면 이것을 시스 형태라고 하고, 이 지방산을 시스지방산이라 한다. 수소원자가 이중결합을 기준으로 각각 반대 방향에 위치하고 있으면 이것을 트랜스 형태라고 부르며, 이 지방산을 트랜스지방산이라고 한다그림 2-9. 트랜스지방산은 시스지방산에 비해 녹는점이 높다.

트랜스지방산은 자연계에서는 거의 발견되지 않으며, 우리가 섭취하는 대부분의 트랜스지방은 수소화를 거친 제품에 들어 있다. 수소화는 수소 가스를 액체 형태의 기름에 불어넣는 과정으로, 이렇게 하면 기름 속 일부의 이중결합이 수소원자를 받아들여 포화된다. 이렇

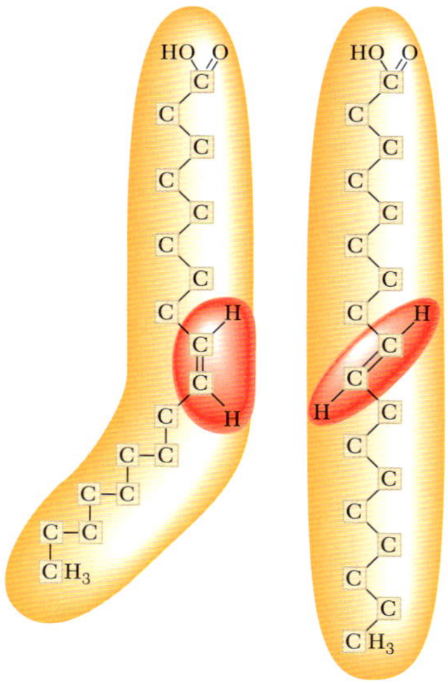

그림 2-9 이중결합 주위의 수소원자들의 위치에 따라 시스지방산과 트랜스지방산이 결정된다. 시스지방산에서는 수소가 이중결합의 같은 방향에 위치해 있기 때문에 탄소 사슬이 휘어지게 된다. 트랜스지방산에서는 수소가 이중결합의 반대쪽에 각각 위치하고 있어 포화지방산의 곧은 사슬 구조와 같이 일직선의 형태를 갖게 된다.

게 해서 만들어진 지방은 안정성이 증가해 산패가 잘 일어나지 않으며, 녹는점이 높아져서 포화지방산의 특성을 띄게 된다. 하지만 이 과정 중 포화되지 않고 남은 이중결합의 일부가 변형을 일으켜서 시스 형태가 트랜스 형태로 변한다. 따라서 수소화를 거치고 나면 원래 기름보다 트랜스지방산 함량이 높아진다. 수소화한 식물성기름은 마가린이나 식물성 쇼트닝을 만드는 재료로 쓰이는데, 수소화를 거치고 나면 제품의 녹는점이 상승하여 상온에서도 고체 상태를 유지할 수 있기 때문이다. 따라서 쿠키, 크래커, 아침식사용 시리얼, 감자칩 등 다양한 가공식품에서 저장기간을 늘리기 위해 사용되기도 한다. 트랜스지방을 식품으로 섭취하게 되면 혈청 콜레스테롤 수치를 증가시켜 심장질환의 위험도를 높인다.

2-2 인지질

필수지방산이 주요 구성성분으로 되어 있는 인지질인 레시틴 등은 세포막과 세포 내의 대사와 기능의 유지에 관여하기 때문에 매우 느린 속도로 대사 과정이 진행되고 체내에 오래도록 보유된다. 레시틴의 급원식품으로는 계란과 대두가 있는데, 레시틴은 물과 지방 모두와 섞이는 성질을 갖고 있기 때문에 음식에서 유화제로 사용된다. 또한 식품산업에서 마가린, 샐러드드레싱, 초콜릿, 냉과류, 제과류 등의 첨가제로 쓰이기도 하는데, 기름이 다른 재료들로부터 분리되는 것을 막아 주는 역할을 한다.

2-3 콜레스테롤

몸 안에는 식품으로부터 흡수된 콜레스테롤만 존재하는 것이 아니라 우리 몸 안에서 만들어지는 콜레스테롤도 있다. 특히 간에서는 많은 기능을 할 수 있도록 충분한 콜레스테롤을 미리 생산하기 때문에 콜레스테롤이 들어 있는 음식을 많이 섭취하게 되면 상대적으로 간에서는 콜레스테롤을 조금만 생산하게 된다.

인체가 콜레스테롤을 만들어내야 하는 이유는 첫째로 지방의 흡수에 꼭 필요한 담즙의 구성성분이 콜레스테롤이기 때문이다. 담즙은 황록색의 액체로서 간에서 합성되는데, 지방이 섭취될 때 담낭에서 소장으로 보내진다. 다음으로 콜레스테롤은 세포막을 구성하며 신경보호막과 스테로이드 호르몬, 비타민 D를 생성하도록 유도하는 물질이기 때문이다.

콜레스테롤에는 나쁜 콜레스테롤(LDL: 저밀도 지단백질 콜레스테롤)과 좋은 콜레스테롤

(HDL: 고밀도 지단백질 콜레스테롤)이 있다. 지단백질이란 지방과 단백질이 결합된 상태로서 지방을 운반한다. LDL 내의 콜레스테롤은 동맥에 과다한 콜레스테롤 및 유해한 퇴적물을 축적시켜 동맥경화를 유발하기 때문에 나쁜 콜레스테롤로 불린다. 즉, 혈액 내에 LDL이 있다는 것은 극히 정상적인 지방대사가 이루어지고 있는 상태이긴 하지만, LDL은 콜레스테롤과 다른 지방을 말단세포로 이동시킨 다음 세포 표면에 존재하는 물질(LDL 수용체)과 작용하여 지방을 세포 내에 저장시키는 역할을 한다. LDL이 주로 작용하는 대상으로 삼고 있는 것은 체세포 중 혈관 조직의 내막세포이므로 혈액 내 LDL 콜레스테롤이 얼마나 쌓여 있다는 것은 동맥경화가 될 확률이 높다는 것이라 할 수 있다. HDL은 세포 내에 쌓여 있는 콜레스테롤과 다른 지방단백질 같은 물질을 간으로 이동시켜 담즙을 통해 배설시키거나 콜레스테롤이 필요한 다른 조직으로 운반시킨다. 이런 이유로 HDL 콜레스테롤은 좋은 콜레스테롤로 불리게 되었다.

콜레스테롤이 많이 들어 있는 식품은 계란노른자, 간, 오징어 등인데 콜레스테롤은 하루 300mg 이하를 섭취하도록 권하고 있다. 300mg이면 달걀 한개 반 정도에 들어 있는 양이다.

| 3 | 지질과 건강

3-1 필수지방산 결핍증

필수지방산이란 불포화지방산 중 체내의 대사과정에 중요한 역할을 담당하는 것으로, 신체의 성장과 여러 생리적 과정의 정상적인 기능 유지를 위하여 필요한 것이다. 그러나 동물의 체내에서는 생성 · 합성되지 않거나 불충분한 양만이 합성되는 지방산이므로 음식으로 보충해 주어야 한다.

리놀레산, 리놀렌산, 아라키돈산 등이 대표적인 필수지방산이다. 리놀레산은 채소와 식물성 기름(옥수수기름)에 들어 있고 항피부병인자와 성장인자를 갖고 있다. 또한 리놀렌산은 들기름과 콩기름에 들어 있으며 성장인자를 갖고 있다. 마지막으로 아라키돈산은 동물의 지방에 있고 항피부병인자를 갖고 있다. 이들 필수지방산은 심장과 혈관의 근육 수축을 조절하고 정상적인 혈압을 유지시켜 준다. 또한 습진성 피부염을 완화시키는 데 다른 지방산보다 효과적이며, 콜레스테롤의 농도를 감소시켜 동맥경화증을 예방하는 효과가 있다.

리놀레산과 α-리놀렌산을 적당량 섭취하지 않으면 필수지방산 결핍증이 일어난다. 결핍 증상으로는 피부 건조와 각질, 간기능 이상, 상처의 느린 치유 등이 있다. 유아의 경우, 성장 저하와 시각 및 청각의 약화를 초래한다. 그러나 필수지방산의 필요량은 보통의 식사를 할 경우 충분히 섭취할 수 있기 때문에 결핍증은 잘 일어나지 않는다.

3-2 심혈관계 질환

심혈관계 질환은 성인 남녀 모두에서 주요 사망원인이며, 식이와 생활습관 모두 심장질환 위험도에 영향을 미친다. 일반적으로 고지방 식이를 섭취하는 사람들이 심장질환 발병률이 높지만 항상 그런 것은 아니어서 에스키모인들처럼 오메가-3 지방산을 많이 섭취하는 사람들은 오히려 심장질환 발병률이 낮다. 단일불포화지방과 곡류, 채소류를 많이 섭취하는 지중해 국가도 심장질환 발병률이 낮다.

3-3 식이지방과 암

암은 한국에서 사망원인 1위를 차지하고 있다. 심혈관계 질환과 마찬가지로 식습관과 생활습관은 암 발병률에 영향을 주는데, 암의 30~40%가 식습관이나 생활습관과 직접적인 연관이 있는 것으로 추정되고 있다. 과일과 채소를 많이 섭취하는 식습관을 가진 인구군은 암의 위험도가 낮은 경향이 있다. 과일과 채소에는 섬유소와 비타민 C, 비타민 E 같은 항산화제, β-카로틴과 같이 항산화효과를 나타내는 식물화학물질들이 함유되어 있다. 반대로 동물성 지방의 함량이 높은 식습관을 가진 인구군은 암 발병률이 높다. 식이지방이 암의 발병률을 증가시키는 메커니즘은 잘 알려져 있지 않다. 단, 심혈관계 질환을 예방해 주는 대부분의 식습관은 암도 예방해 준다.

식이지방과 유방암

유방암은 전 세계 여성들에게 발생하는 주요한 암 중 하나이다. 유방암은 폐경 여성과 아이가 없는 여성 또는 아이를 늦게 가진 여성 그리고 유방암의 가족력이 있는 여성에게서 많이 발생한다. 유방암은 고지방, 저섬유소 식습관을 가진 인구군에서 발병률이 높다. 지방섭취가 적은 인구군에서는 발병률뿐 아니라 유방암 발병 후 생존율도 더 높다.

지방의 종류는 총 지방량만큼이나 유방암 발병에 중요한 영향을 미친다. 총 지방섭취량은 미국과 비슷하지만, 단일불포화지방 함량이 높은 올리브유를 사용하는 지중해 지방의 여성들의 경우 유방암 발병률이 낮다. 생선과 해산물로부터 얻는 오메가-3 지방산을 많이 섭취하는 식습관이 유방암을 예방하는 데 효과가 있다고 역학조사에 의해서도 확인되었다. 반면 트랜스지방산은 유방암의 위험도를 증가시킨다.

식이지방과 대장암

역학조사에 의하면 대장암은 고지방, 저섬유소 식이와 관계가 있는데, 포화지방의 함량이 높은 식이는 대장암과 전립선암의 발병률을 높인다고 한다. 대장 안에서는 박테리아가 식이지방과 담즙을 대사시키는데, 이 과정 중 종양촉진자로 작용하는 물질들을 만들어낸다. 이때 고섬유소 식이는 대변의 양을 증가시킴으로써 발암물질을 희석시켜 주며, 장 통과시간도 감소시킨다. 즉, 이 두 가지 효과가 장 점막이 위해물질에 노출되는 것을 줄여 준다.

3-4 식이지방과 비만

식이지방은 체중의 증가와 비만의 원인으로 생각되어 왔다. 왜냐하면 지방은 1g당 9kcal의 열량을 내므로 탄수화물이나 단백질의 거의 2배에 달하기 때문이다. 고지방 식품은 같은 양의 저지방 식품에 비해 열량이 높으며, 특히 과식을 촉진하는 경향도 있는데, 이것은 지방으로부터 공급받는 열량은 탄수화물로부터 공급받는 열량에 비해 포만감이 적기 때문이다. 지방이 대사되는 방식 역시 체중증가에 영향을 준다. 인체가 지방을 열량원으로 사용할 때는 에너지가 적게 들며, 과잉 섭취된 식이지방은 체지방으로 저장되기 때문이다.

그러나 미국의 경우를 살펴보면, 지방의 섭취가 반드시 비만의 원인이 되는 것은 아님을 알 수 있다. 단기간의 임상실험에서, 지방 섭취의 감소가 열량섭취를 감소시켜 체중을 감소시키는 것을 알게 되었지만, 반면 역학연구에서는 식이지방과 체중 사이의 상관관계가 보이지 않았다. 섭취한 열량이 소비한 열량보다 많으면 체중이 증가하는데, 이때 여분의 열량이 지방이나 탄수화물, 단백질 중 무엇으로부터 왔는지는 별개의 문제다. 결론적으로, 과체중과 비만은 열량 섭취는 증가하면서 열량 소비는 감소하는 것이 그 원인인 것이다.

| 4 | 지방 섭취권장량

필수지방산을 공급하기 위해서나 지용성 비타민과 식물화학물질의 흡수를 돕기 위해 그리고 열량을 공급받기 위해 지방을 섭취해야 한다. 지방의 필요량은 소량이지만, 최소량의 지방만을 함유한 식단은 탄수화물 함량이 매우 높을 수 있으며, 맛도 없는데다가 반드시 건강식인 것은 아니다. 우리나라의 지방 영양섭취기준은 총 지방과 필수지방산의 에너지 적정비율을 설정하고 그중 필수지방산의 경우에는 영아와 임신, 수유부에게만 충분 섭취량을 설정하고 있다. 포화지방과 콜레스테롤, 트랜스지방에 대해서는 권장량이 정해져 있지 않으므로 가능한 한 섭취를 줄일 것을 권장하고 있다.

4-1 총 지방 섭취권장량

영양섭취기준은 성인의 경우 총 지방의 섭취를 열량의 15~25%로 권장하고 있다. 이 범위 이상의 지방 섭취는 포화지방의 섭취를 증가시키며, 열량을 과도하게 섭취하게 만든다. 반면, 지방을 15% 이하로 섭취하게 되면 비타민 E와 필수지방산의 섭취가 부족할 수 있으며, 또한 HDL과 중성지방 수치에 바람직하지 않은 변화를 초래할 수 있다.

어린이와 10대 청소년의 경우는 성장을 위한 필요량을 충족시키기 위해 식이를 통한 총 지방의 섭취권장량이 더 높은데, 이들에게는 지방의 허용권장량 범위가 더 높아서 1~2세의 경우 열량의 20~35%, 3~19세의 경우 열량의 15~30%이다. 반면 임신기 또는 수유기 동안의 지방 허용권장량 범위는 증가하지 않고, 다만 필수지방산의 충분 섭취량은 비임신 여성에 비해 약간 높을 뿐이다. 또한 노인의 지방 권장량도 변화지 않으며, 이 인구층에서는 영양불량의 위험을 막기 위해 지방이 다른 영양소와 균형잡힐 수 있도록 신중하게 섭취해야 한다.

4-2 필수지방산 섭취권장량

연령에 관계없이 오메가-3 지방산 섭취의 에너지 적정비율은 0.5~1.0%이며, 오메가-6 지방산 섭취의 에너지 적정비율은 4~8%이다. 오메가-3 지방산과 오메가-6 지방산의 섭취 비율은 1:4~10이 적당하다. 임신기와 수유기 중 지방산 섭취는 태아와 영아의 건강에 매우 중요하므로, 이 시기에는 필수지방산의 충분 섭취량을 설정하였다. 오메가-3 지방산의 충분 섭취량은 임신부는 하루 2.1g, 수유부는 하루 24g이며, 오메가-6 지방산은 임신기에 하루 9g, 수유기에 하루 10g으로 설정하였다.

4-3 콜레스테롤, 포화지방산과 트랜스지방산을 제한한다

영양섭취기준은 콜레스테롤이나 포화지방 또는 트랜스지방에 관해서는 특별한 지침을 제시하고 있지 않다. 하지만 이러한 영양소들을 가능한 한 적게 섭취하라고 권장하고 있는데, 이것은 이들의 섭취가 증가할수록 심장질환의 위험도 증가하기 때문이다.

식품표기에 있는 식사지침과 하루권장섭취량은 포화지방으로는 열량의 10% 미만, 하루에 콜레스테롤 300mg 이하 등 더 자세한 권장사항을 제시하고 있다. 트랜스지방에 관해서는 하루권장섭취량이 정해지지 않았지만, 현재의 평균치인 하루 5.8g 또는 열량의 2.6%를 넘지 않을 것을 권장하고 있다.

03 단백질

탄수화물과 마찬가지로 4kcal의 에너지를 내는 단백질은 여러 아미노산들이 구부러진 사슬모양으로 결합되어 만들어지는데, 체성분의 구조물로서 성장과 유지에 중요한 역할을 한다. 육류, 생선, 가금류와 우유, 곡류 및 두류는 단백질 급원식품이며, 동물성 단백질과 식물성 단백질로 나뉜다.

| 1 | 아미노산 구조

대략 20여 가지의 아미노산이 단백질에서 공통적으로 발견된다. 각 아미노산은 1개의 탄소원자가 4개의 서로 다른 화학기와 결합하고 있다. 즉 수소, 질소를 가진 아미노기, 산기, 그

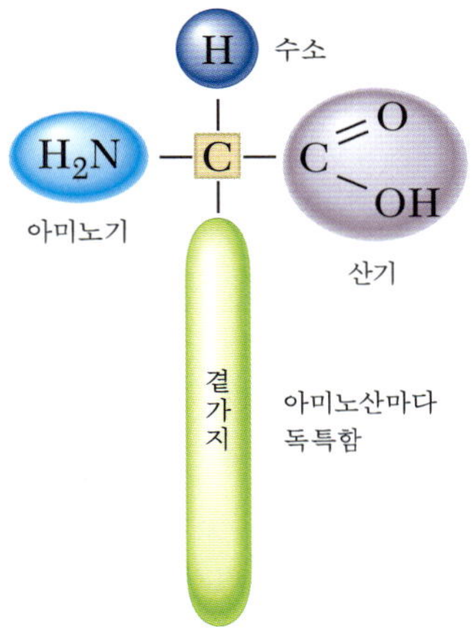

그림 2-10 모든 아미노산은 비슷한 구조를 가지는데 곁가지만은 구조가 다르다.

표 2-1 필수아미노산과 불필수아미노산들

필수 아미노산	불필수 아미노산
히스티딘	알라닌
이소루이신	아르기닌
루이신	아스파라긴 *
라이신	아스파르트산(아스파테이트)
메티오닌	시스테인(시스틴) *
페닐알라닌	글루탐산(글루타메이트)
트레오닌	글루타민 *
트립토판	글리신 *
발린	프롤린 *
	세린
	타이로신 *

※ 식품영양보건국에 의하면, 이 아미노산들은 조건에 따라서 필수아미노산의 역할을 하기도 한다

리고 길이와 구조가 다양한 곁가지로 구성되어 있으며, 곁가지는 각 아미노산마다 특수한 성질을 부여하는 역할을 한다그림 2-10.

약 20여 개의 아미노산 중 9가지는 성인의 인체에서는 만들어지지 않는다. 이들 아미노산들을 필수아미노산이라고 부르는데, 반드시 식이로 섭취해야 하는 것이다표 2-1. 만약 식이 내에 한 가지 이상의 필수아미노산이 부족하면 기존의 체단백질을 분해하여 부족한 필수아미노산을 공급받으려 하며 만약 공급받지 못하면 새 단백질은 만들어질 수 없다.

아미노산 중 11개는 불필수아미노산으로, 이는 인체 내에서 만들어질 수 있고 반드시 식이로 먹지 않아도 된다. 새로운 신체 단백질 합성을 위해 식사에 없는 불필수아미노산이 필요하면 그때그때 맞추어 합성해낼 수도 있다.

| 2 | 단백질의 기능

체중의 약 15%는 단백질로 이루어져 있으며, 대부분은 근육 단백질이지만 다른 많은 신체 기능을 독특하게 수행하는 단백질도 많다. 일부는 중요한 구조적 기능을, 일부는 체내에서 신체 기능을 조절하는 데 도움을 준다.

2-1 구조 단백질

이 단백질은 각 세포에 구조 골격을 제공하여 신체 전체로 지지력을 전달해 준다. 세포 내에서 단백질은 세포막의 구성성분이면서, 세포액과 다른 세포소기관을 형성한다. 피부나 머리카락 그리고 근육은 대부분 단백질로 이루어져 있는데, 신체 내에서 가장 흔한 단백질은 콜라겐이다. 콜라겐은 세포를 서로 붙여주는 아교 역할을 하고 뼈와 치아의 구조를 형성한다. 또한 힘줄과 연골을 형성하고 동맥벽을 단단하게 잡아주며, 상처가 난 경우 회복 시에 작용하여 흉터 조직의 대부분을 회복시켜 준다.

식사에서 단백질이 부족하면 이런 구조물들이 소모되기 때문에 근육은 점점 더 작아지고, 피부는 탄성력을 잃으며, 머리카락이 가늘어지고 쉽게 빠져 탈모가 나타난다. 식이 단백질 부족에 의한 이런 외관적 변화는 화장품 회사의 탁월한 판매 전략의 포인트가 되고 있는데, 샴푸나 화장품 제조사는 제품에 첨가한 단백질로 인해 피부와 머리카락이 더 아름답거나 건강해질 것이라고 광고를 많이 하고 있다. 하지만 머리카락이나 피부를 만드는 단백질은 체내에서만 만들어지므로 그러한 광고를 맹목적으로 신뢰해서는 안 될 것이며, 건강한 식이가 값비싼 단백질 샴푸나 핸드크림, 화장품보다 더 효과적인 결과를 가져올 수 있다는 인식이 필요하다고 본다.

2-2 효소 단백질

이 효소는 대사속도를 빠르게 하지만 그 자체가 반응에 참가하여 사용되거나 분해되지 않는 단백질 분자이다. 효소의 도움이 없이는 에너지를 내기 위해 물질을 분해하는 대사반응이나 체구성에 필요한 분자를 만들어내는 반응 모두가 너무 늦게 일어나 생명을 유지하기가 어렵다. 각 탄수화물이나 지방, 단백질을 생합성하거나 분해하고 에너지를 내는 각 단계에는 특수한 구조를 가진 특정 효소가 필요하다. 만약 효소분자의 구조가 변화하면 더 이상 해당 대사반응의 속도를 증가시키는 역할을 할 수 없다.

체내에서 기능을 갖는 효소는 체내에서 만들어지므로 식이로 먹을 필요는 없다. 또한, 원료 식품에 있는 효소들은 조리과정에서 변성이 되어 음식으로 먹으면 더 이상 그 기능을 발휘할 수 없기도 하다. 음식을 날로 먹을 때 존재하는 효소 역시 소화 과정 중에 파괴되어 위장관에서는 아미노산의 형태로 흡수된다. 식이보충제로서 정제된 효소들이 판매되고 있지만 이 역시 장관에서 분해된다. 그러나 이들 중 일부는 장관에서 소화되는 중에 기능을 발휘할 수도 있는데, 예를 들어 유당분해효소인 락타아제는 유당불내증을 가진 사람이 복용하면 소장 내에서 효소와 같이 먹은 유당을 분해하기에 충분한 정도의 기능을 유지할 수 있다. 그러나 결과적으로는 이들 효소 역시 소화되어 아미노산으로 흡수된다.

2-3 수송 단백질

이 단백질은 각 세포 내외와 전신으로 물질을 전달하는 역할을 한다. 세포 수준에서 수송 단백질은 세포막에 존재하여 세포 내로 또는 세포 외로 물질을 수송한다. 예를 들어, 장 점막에 있는 세포의 수송 단백질은 장관 내공에서 장관 세포로 아미노산을 흡수하는 데 꼭 필요한데, 적혈구의 헤모글로빈 단백질은 폐에서 산소를 받아 몸의 다른 기관으로 산소를 운반하고, 지단백의 단백질은 소장이나 간에서 전신으로 지방을 수송하는 데 필요하다. 한편, 비타민 A와 같은 일부 비타민들이 혈액 내에서 이동하기 위해서는 특정 단백질에 결합되어야 한다. 그렇기 때문에 단백질이 식이에서 부족하면 수송 시 특정 단백질을 필요로 하는 영양소들은 원활하게 세포로 이동되지 않는다. 이러한 이유로, 식이 단백질이 부족하면 비타민 A를 먹어도 비타민 A 결핍증이 생기게 되는데, 이는 수송 단백질이 없다면 그 영양소를 필요로 하는 세포까지 비타민 A가 이동할 수 없기 때문이다.

2-4 보호기능 단백질

단백질은 손상과 감염으로부터 인체를 보호하는 중요한 역할을 한다. 피부는 주로 단백질로 이루어져 있으며 감염과 손상을 막는 첫 번째 생체 장벽이므로 먼지나 세균과 같은 외부 물질들은 피부에 막혀서 체내로 들어가지 못하고 분비되는 점액에 의해 씻겨나가게 된다. 만약 피부가 찢어져 혈관이 손상되면 피브리노겐이나 트롬빈과 같은 혈액응고 단백질들이 혈액이 더 이상 빠져나가지 못하도록 엉겨서 감염을 막는 역할을 한다. 만약 바이러스나 세균과 같은 외부 물질이 체내로 들어오면 면역계는 항체라고 불리는 단백질을 만들어 외부 침입물질과 싸우게 한다. 각 항체는 특정 침입자에 결합할 수 있는 독특한 구조를 가지고 있는데, 항체가 침입물질과 결합하면 더 많은 항체가 생성되도록 자극을 받으며 다른 면역계에도 침입물질을 파괴하는 것을 돕는 신호를 보낸다. 그리고 다음에도 동일한 세균이나 바이러스가 침입하면 면역계는 이미 특정항체를 대량으로 만들 준비를 하게 된다. 홍역과 같은 질병에 대한 면역주사도 비슷한 방식으로 이루어지는 것으로서, 죽거나 불활성화시킨 바이러스를 병을 일으키지 않을 만큼만 체내에 소량 주사하여 면역계를 자극함으로써 특정 항원에 대한 항체를 생성하게 하는 것이다. 이러한 방식으로 신체가 살아 있는 바이러스와 접촉하게 되면 면역계는 이미 그에 대한 준비를 하게 되어 다량의 면역물질을 만들므로 감염을 예방한다. 그러나 단백질 결핍이나 다른 후천성면역결핍성바이러스(HIV) 감염과 같이 면역체계가 기능 이상을 일으키면 침입물질에 대해 몸을 보호하는 기능이 소실되게 된다.

2-5 수축 단백질

근육 단백질은 운동할 수 있게 해 주는데, 계단을 오르거나 방을 걷거나 거리를 뛰어갈 때 근육 수축 단백질인 액틴과 미오신이 주로 작동한다. 수축은 두 단백질이 서로 미끄러지듯 끼어들면서 전체 근육 길이가 짧아져서 일어난다그림 2-11. 팔꿈치를 굽힐 때는 액틴과 미오신 단백질이 서로 끼어들어 팔 근육이 짧아지고 굵어지면서 수축이 일어나는 것이다. 같은 과정으로 심장근육과 소화기관의 근육 수축이 일어나고, 혈관과 여러 분비샘의 분비작용도 근육 수축에 의해 일어난다. 또한, 액틴과 미오신은 근육세포가 아닌 세포에서도 수축을 일으킬 수 있는데, 예를 들어 세포 내 액틴과 미오신의 수축으로 백혈구의 모양을 바꾸어서 감염된 부위로 빨리 이동해 갈 수 있게 한다. 이때 수축에 드는 에너지는 주로 탄수화물과 지방의 대사에서 발생한 ATP를 이용한다.

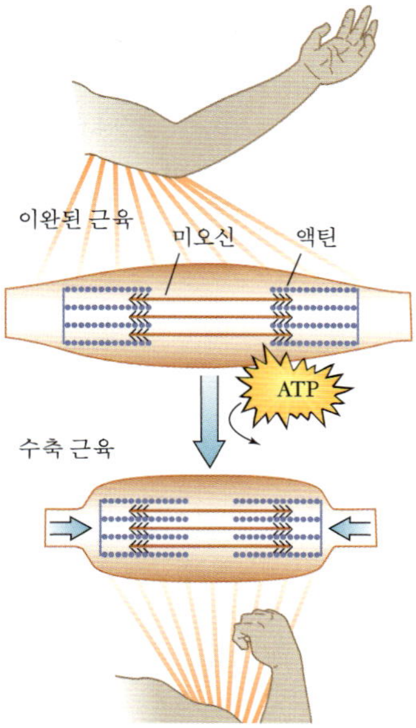

그림 2-11 근육이 수축하는 동안 액틴과 미오신은 슬라이딩 움직임으로 서로 스치듯이 다가간다. 그 결과 전체 근섬유가 짧아지고 굵어진다.

2-6 단백질 호르몬

이 호르몬은 한 조직이나 기관에서 만들어져 혈액으로 분비되면 혈액을 타고 흘러가서 다른 조직에서 활성을 나타내는 화학 신호이다. 호르몬은 주로 콜레스테롤과 스테로이드에서 만들어지며, 아미노산에서 만들어진 것은 단백질 호르몬 또는 펩티드 호르몬으로 분류된다. 예를 들어, 인슐린과 글루카곤은 펩티드 호르몬으로서 신체가 일정한 양의 혈당을 유지하도록 도와주는 역할을 한다. 스테로이드 호르몬은 세포막을 가로질러 확산되어 세포로 들어가는 반면, 펩티드 호르몬들은 세포막 표면에 있는 단백질 수용체에 결합하여야 활성을 나타낼 수 있다.

2-7 체액 평형 조절 단백질

체내 세포와 혈관 그리고 세포 사이의 공간에 적당량의 체액이 분산되어 있을 수 있도록 조절하는 것은 매우 중요한 생체 평형 작용 중 하나이다. 체액은 적당한 용질 농도를 유지하기 위하여 세포막과 조직 사이로 들락날락하는데, 단백질은 이 체액의 평형에 두 가지로 기여한다. 첫째, 단백질 펌프가 세포막에 있어서 입자들을 막의 한쪽에서 다른 쪽으로 전달하는 역할을 한다. 둘째, 혈관 내에 있는 큰 단백질은 삼투압 작용에 의해 혈관에 체액을 붙잡아 두는 역할을 하게 되는데, 이 과정은 물이 용질 농도가 높은 조직으로 몰려 들어가는 것을 막고 조직에서 혈관으로 물을 끌어내는 역할을 한다. 단백질 결핍이 오래되면 이 혈액 내 거대 단백질의 농도가 줄어들고 체액이 혈관에 더 이상 남지 않고 조직으로 계속 스며들게 되어 부종과 복수가 생기게 된다.

2-8 산염기 평형 조절 단백질

모든 생체대사가 원활하게 이루어지기 위해서는 주변 환경이 적당한 산도(pH)를 유지해야 한다. 소화관에서 산도는 매우 급격한 변화를 보이는데, 소화효소인 펩신은 위의 산성 환경에서 가장 효율이 높은 반면, 췌장효소들은 소장이 중성일 때 가장 효율이 높다. 체내에서의 적정 pH 범위는 더욱 좁다. 대사반응의 결과로 생성되는 산과 염기는 신속히 중화되어야만 대사반응을 계속 유지할 수 있으므로, 폐와 신장은 이 노폐물들을 신속히 제거하여 정상 pH를 유지하게 하며 혈액과 세포 속 단백질도 산도 변화의 완충제 역할을 한다. 이때 단백질들은 수소이온과 결합하거나 해리함으로써 완충 기능을 한다. 또한, 적혈구 단백질인 헤모글로빈은 이산화탄소가 물과 만나 생기는 산을 중화하는 데 일조한다. 한편, 치료를 받지 않은 제1형 당뇨병은 신체가 완충할 수 있는 허용 범위 이상의 산이 만들어질 때 심각성을 보여준다. 즉, 제1형 당뇨에서는 포도당을 세포 속으로 들여보낼 수 없기 때문에 지방을 과도히 분해하게 되고 몸에 케톤체를 축적하게 되는데 케톤체는 산성이므로 이것이 축적되면 혈액의 pH를 낮추어 케톤혈증을 유발하게 된다. 게다가, 산성 pH는 단백질을 손상시켜서 더 이상 기능할 수 없도록 하기 때문에 결과적으로 혼수상태에 이르게 되고 치료가 되지 않을 때에는 사망에까지 이르게 되는 것이다.

| 3 | 단백질, 아미노산과 건강

3-1 단백질 결핍

카시오카

대개 경제적으로 빈곤한 국가에서 볼 수 있는데, 필수아미노산을 포함하고 있는 단백질 영양결핍증이다. 주된 증상은 근육이 아주 빈약하고 성장이 안 되며, 신경장애, 소화흡수장애도 일어나고, 손발이 꼬이며, 구조 단백질이 충분한 탄성과 지지를 하지 못해 피부에 각질이 생기고, 피부가 비늘모양으로 벗겨지게 된다. 피부에는 부스럼이 생기고, 피부 색소인 멜라닌이 만들어지지 않아 머리털도 갈색으로 변하며 자라지도 않는다. 더 악화되면 단백질 부족으로 인해 지방의 체세포 이동이 이루어지지 않아 지방간 증상이 나타나고, 체액을 혈관 속에 잡아둘 알부민이라는 단백질의 합성이 잘 되지 않아서 조직액과 체액이 복부에 쌓여서 생기는 부종이 나타난다.

마라스무스

단백질과 다른 영양소가 부족하고 에너지가 결핍될 때 이유기나 유아기 어린이에게서 많이 발생한다. 피부와 머리털, 간 기능은 비교적 정상이나 주름이 많고 피부와 뼈만 남아 있는

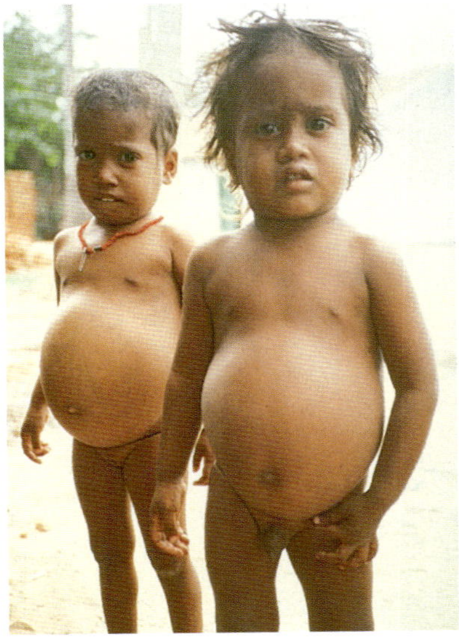

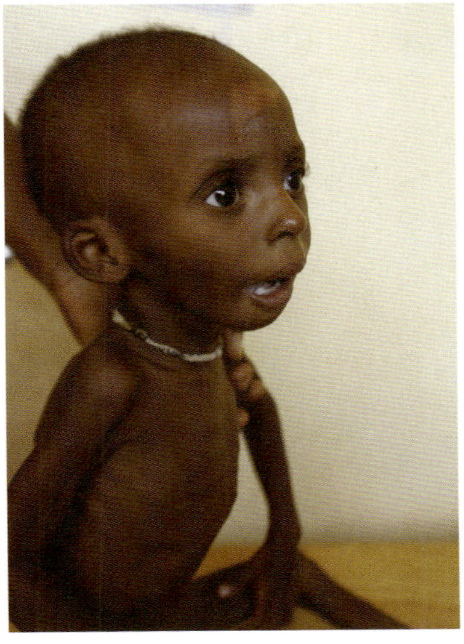

그림 2-11 (a) 카시오카는 복수로 부푼 배가 특징적이다. (b) 마라스무스는 심한 수척 증상이 나타난다. 대부분의 단백질-에너지 영양 불량은 이 두 증상이 복합적으로 나타난다.

상태로 몸이 심하게 마르게 된다. 카시오카와 같은 부종은 없으나 빨리 식이요법을 하지 않으면 소화기계 질환과 감염까지 겹쳐서 죽을 수 있다.

3-2 단백질 과다 영양

단백질 섭취 과다가 되면 체온이 증가하고, 혈압이 점차로 올라가며, 쉽게 피로를 느끼게 된다. 그리고 단백질의 분해물 증가로 많이 만들어진 요소를 배설하기 위해 신장에 부담을 주어 신장병에 걸리기 쉬우며, 요독증이 일어나기도 한다. 또한 단백질 식품에 들어 있는 인 섭취도 덩달아 높아져 길항작용에 의해 칼슘도 많이 배설시켜 골다공증에 걸리기 쉬워진다. 또한 고기에는 제거할 수 없는 지방 성분도 많기 때문에 많이 먹으면 비만이 되기 쉽고 심장 질환이나 암 등의 위험요인이 될 수도 있다.

3-3 페닐케톤증(PKU)

필수아미노산인 페닐알라닌의 분해효소가 결핍되어 페닐알라닌이 혈액 중에 쌓이고 결국은 소변으로 배설되는 것이다. 페닐알라닌은 치즈와 고기류 음식에 많이 들어 있기 때문에 페닐케톤증을 앓는 경우에는 이러한 음식을 마음대로 먹지 못하게 된다. 페닐케톤증은 유전병으로서 이 병을 갖고 태어난 아이는 태어난 지 3~5개월 정도에도 주위 환경에 무관심하여 반응을 보이지 않고, 한 살이 되면 지능저하를 보이는 등, 뇌 기능과 지능발달에 이상이 생긴다.

3

음식이 제공하는 영양소 – 구조영양소와 조절영양소

Ⅰ. 구조영양소

물

Ⅱ. 조절영양소

1. 비타민
2. 무기질

01 구조영양소

인체는 거의 대부분이 물과 단백질, 지방으로 이루어져 있다. 이들 영양소와 무기질 성분 등은 신체의 골격 구조와 성능을 유지하는 데 중요한 기능을 한다. 단백질은 근육과 연골, 인대를 형성하여 근육이 뼈에 붙어 있게 만드는 역할을 하고, 뼈와 이의 구조 틀을 만드는 역할을 한다. 무기질은 단백질로 된 뼈의 틀에 침착하여 단단한 성질을 부여한다. 세포 수준에서 지방과 단백질은 세포를 둘러싸는 세포막을 형성한다.

구조 영양소들은 특히 성장, 발육하는 시기나 임신기 등에 충분히 공급되지 않으면, 성장 불량이 나타나 장기적인 영향을 미친다.

물

수분은 사람이 살아가기 위해 음식물로 섭취해야 하는 필수영양소로서 물이 없으면 단 며칠 내에 죽게 된다. 물은 몸에서 화학반응이 일어날 때 용매 역할을 하며, 또한 영양소를 운반해서 소비하고, 보호하고, 온도조절을 돕고, 화학반응과 산-염기 균형에 관여한다.

남자는 체내의 수분 함량이 약 60%이고 여자는 50~55%인데 비해, 갓난아이는 75% 이상이지만 성장하면서 차차 감소된다. 이중 10%가 손실되면 고통이 심해지고, 20% 이상이 손실되면 사망하게 된다. 따라서 물은 6대 영양소 중 하나일 뿐 아니라 생명유지에 가장 중요한 영양소라 할 수 있다.

우리 몸이 하루 필요로 하는 수분의 양은 2.5L인데, 이중 1~1.2L 정도는 음료수로 섭취하고, 0.6L~1L 정도는 음식물에 들어 있는 수분으로 얻어진다. 또한 영양소의 산화대사에 의해 얻어지는 물은 0.3~0.5L 정도이다. 이렇게 섭취된 수분은 소변, 대변, 폐, 피부 등으로 배설되어서 수분대사의 균형이 이루어진다. 물의 필요량은 개인의 나이와 생활환경, 운동량 등에 따라 달라진다. 즉, 나이가 어릴수록, 주위 환경의 온도가 높고 습도가 낮을수록, 운동량이 많을수록 체중 1kg당 요구되는 물의 양이 증가한다.

02 조절영양소

신체 내에서 일어나는 생화학반응을 대사라고 한다. 체내에 일정한 환경을 유지하려면 대사 속도를 조절하여 평형 상태에 있어야 한다. 예를 들어, 물은 체온이 항상 일정하도록 도움을 주고, 단백질과 비타민 그리고 무기질은 특정 대사 과정을 원활히 일어나게 함과 동시에 평형 상태를 유지하게 하기 위해 대사 속도를 조절하는 역할을 한다. 예를 들어, 섭취한 탄수화물을 에너지로 전환하여 사용하려면 여러 생리적 조절 작용을 담당하는 비타민과 무기질들의 도움을 받아야 한다. 이들은 주로 대사의 각 단계에 작용하는 효소들의 조효소로서 활동한다.

| 1 | 비타민

비타민은 음식이나 다른 급원으로 반드시 공급되어야 하는 필수 유기화합물로서 소량으로 성장, 재생산, 건강 유지에 필요한 신체 기능들을 증진시키고 조절한다. 비타민이 결핍되면 결핍 증상이 나타나지만, 비타민을 다시 섭취하게 되면 증상은 사라진다. 비타민은 일반적으로 물과 기름에서의 용해 여부에 따라 수용성 비타민과 지용성 비타민으로 분류하는데,

표 3-1 비타민류

수용성 비타민	지용성 비타민
• **비타민 B 복합제** 티아민(B_1) 리보플라빈(B_2) 나이아신(B_3) 비오틴 판토텐산 비타민 B_6 엽산 비타민 B_{12} • **비타민 C**	• 비타민 A • 비타민 D • 비타민 E • 비타민 K

수용성 비타민에는 비타민 B 복합제와 비타민 C가 있고, 지용성 비타민으로는 비타민 A, D, E, K가 있다표 3-1. 비타민은 원래 발견된 순서에 따라 A, B, C, D, E와 같이 알파벳순으로 명명되었다. 비타민 B 복합제는 처음에 한 가지 화합물로 생각되었지만, 후에 많은 물질로 구성되어 있음이 발견되어 알파벳 체계 대신 숫자를 사용하게 되었다. 티아민, 리보플라빈, 나이아신은 원래 각각 비타민 B_1, B_2, B_3라 불렸다. 비타민 B_6와 B_{12}만이 여전히 공통적으로 숫자로 나타내는 비타민들이다.

1-1 지용성 비타민

지용성 비타민의 종류에는 비타민 A, D, E, K가 있는데, 소변으로 배설되지 않고 담즙으로 배설되며 몸속에 상당량 저장될 수 있다. 또한, 지방섭취와 관련이 많아서 지방대사에 이상이 생기면 지용성 비타민에서도 비슷한 효과가 나타난다.

비타민 A의 대표적인 것이 동물성 식품에 들어 있는 레티놀과 식물성 식품에 들어 있고 몸 안에서 비타민 A로 바뀌는 주황색 색소인 카로티노이드(그중에서도 β-카로틴)이다. 레티놀이 풍부한 식품은 동물의 간과 생선 간유이며, 전지분유와 계란에도 많이 들어 있다. β-카로틴이 풍부한 식품은 당근과 시금치와 같은 녹황색 채소와 해조류이다.

비타민 A의 섭취가 부족해서 생기는 가장 흔한 증상은 야맹증과 안구건조증이다. 야맹증은 밝은 곳에서 어두운 곳에 들어갔을 때 시각이 둔해지는 증세이다. 또한, 비타민 A가 부족하면 아동의 성장에도 방해가 된다. 반면 비타민 A를 과잉 섭취하게 되면 피로감이나 두통이

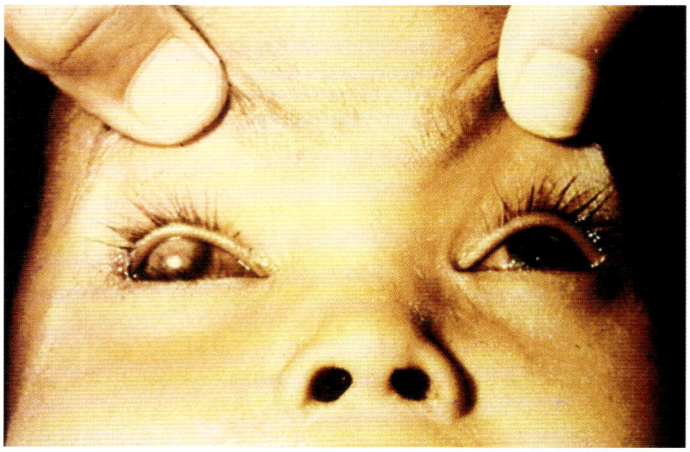

그림 3-1 비타민 A 결핍은 전 세계에 알려진 실명의 주요한 원인 중 하나이다.

생기고 간경화를 일으킬 수도 있다. 매일 많은 양의 카로티노이드를 섭취할 경우 피부, 특히 손바닥과 발바닥이 노랗게 변할 수도 있다.

비타민 D는 칼슘의 흡수작용, 뼈가 굳어지는 석회화를 유도한다. 따라서 비타민 D가 결핍되면 뼈의 석회화가 충분히 이루어지지 않아 뼈가 연해지고 변형되기 쉬워 어린이의 경우 구루병이 발생하고 어른의 경우 골연화증과 골다공증이 발생하기도 한다. 구루병은 골격의 발육이 지연되어 뼈의 기형이 생기고, 키가 자라지 않으며, 곱사등이 되는 것을 말한다. 다행인 것은 비타민 D는 햇빛을 잘 쏘이면 따로 섭취하지 않아도 충분한 양이 피부에서 생성된다는 점이다. 그러나 과잉 생산되면 식욕부진, 구토, 설사, 갈증이 나타나며, 세포조직에 칼슘이 쌓여서 신장과 심장혈관계에 심한 손상을 입히고, 특히 권장량의 5배 이상 섭취 시에는 아주 강한 독성이 나타나므로 비타민 D 복용은 특별히 주의해야 한다. 비타민 D가 들어 있는 식품은 생선의 간유, 난황, 버터, 버섯류이다.

비타민 E가 수많은 대사 과정 중에 중요한 역할을 하는 것은 확실하나 인체에서 어떠한

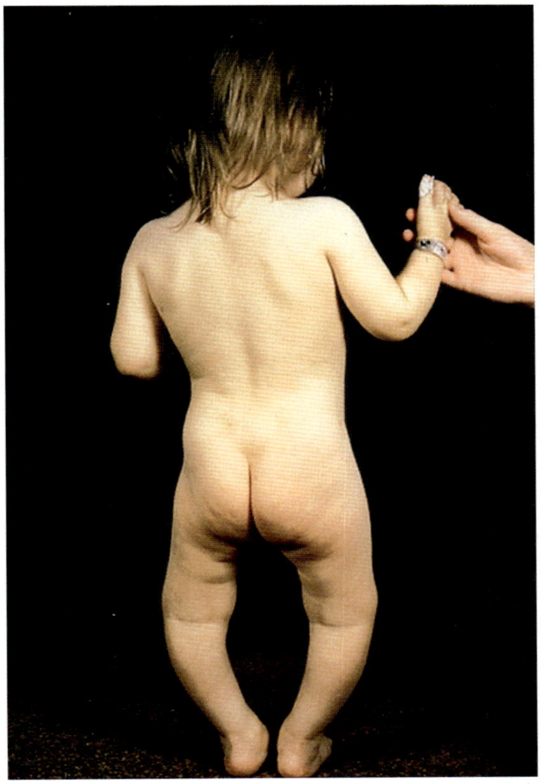

그림 3-2 휜 다리는 구루병의 특성이다.

생리 기능을 나타내는지는 정확히 밝혀져 있지 않다. 주로 항산화 기능과 노화방지, 빈혈방지와 생식 능력을 도와주는 역할을 한다고 알려져 있다. 비타민 E가 풍부하게 들어 있는 식품은 식물성 기름(콩, 옥수수, 목화씨, 해바라기씨 기름 등)과 이들의 가공제품인 마가린과 쇼트닝 등이다. 그러나 육류, 생선, 동물성 기름, 채소에는 거의 비타민 E가 들어 있지 않다.

비타민 K는 혈액응고에 필수적인 비타민으로, 사람의 경우에는 장내 세균에 의해 상당히 많은 양이 합성된다. 또한 일반적인 식사를 통해 비타민 K를 충분히 섭취할 수 있고, 장내 세균에 의해서도 합성되므로 결핍증은 흔하지 않다. 비타민 K는 시금치, 무청, 브로콜리 등 녹색채소나 콩류, 대두유에 들어 있다.

1-2 수용성 비타민

수용성 비타민은 비타민 B_1, B_2, B_3, B_{12}, 나이아신, 엽산, 비타민 C를 말한다. 비타민 B군은 서로 기능이 유사한 여러 가지 수용성 비타민을 한데 묶어 분류한 것이다. 비타민 B_1, B_2, 나이아신은 공통적으로 에너지 대사 과정 중 산화-환원 반응에 관여하여 열량 섭취량이 증가하는 경우 이들 비타민의 필요량도 증가하게 된다.

흰 쌀밥을 좋아하는 식습관 때문에 한국인들은 비타민 B_1(티아민) 섭취량이 다소 부족한 편이다. 비타민 B_1은 채소를 끓일 때 50%가 파괴되고, 고기류를 조리할 때는 20~30% 가량 파괴된다. 결핍증으로는 각기병이 있는데, 심장이 커지고 말초신경이 마비되어 정신도 혼란스러워진다. 급원식품으로는 돼지고기, 콩과식물과 맥주 효모 등에 많이 들어 있다.

비타민 B_2는 리보플라빈이라고도 하는데, 성장과 적혈구 형성 과정을 도와주고 건강한 피부와 좋은 시력을 갖도록 도와준다. 결핍 시 구순염(입술이 허는 현상)에 걸린다. 리보플라빈은 빛에 약해서 우유나 유제품이 빛에 노출되면 식품에 들어 있는 리보플라빈의 양이 감소하므로 종이팩이나 불투명한 플라스틱 용기에 넣어 보관해야 한다. 그 외에도 닭고기를 포함한 육류와 생선 등 동물성 식품에 많이 들어 있다.

나이아신이 결핍되면 피부염, 설사, 식욕부진, 짜증, 허약감의 현상이 나타나며, 과다 섭취 시 피부발진, 십이지궤양, 간 기능 이상 등이 나타난다. 나이아신은 간이나 생선, 두유와 땅콩에 많이 들어 있다.

엽산은 시금치 등의 초록색 잎을 가진 식물에 많이 함유되어 있다. 엽산 결핍 시 거대적아

구성 빈혈에 걸리게 되며, 임신 초기에는 조산이나 기형아 발생 위험이 높아진다. 거대적아구성 빈혈은 비타민 B_{12}이나 엽산 결핍 및 그 외의 원인으로 세포 내에 DNA 합성 장애가 발생하여, 크기가 병적으로 크지만 세포핵은 제대로 형성되지 않아 제 기능을 다하지 못하는 적혈구로 인해 발생하는 빈혈을 말한다. 엽산은 간과 녹황색 채소, 과일류에 많은데 조리나 가공 처리 중에 많이 가열하거나 산화시키게 되면 활성을 잃게 된다.

13세기 십자군 전쟁 때뿐만 아니라 대항해시대인 1536년, 군인과 탐험가들은 기운이 없고, 잇몸과 점막 및 피부에서 피가 나며, 빈혈과 심하면 심장쇠약을 일으키는 괴혈병에 시달렸다. 이들은 우연히 파인애플과 나무껍질을 혼합해서 만든 음료를 마시고서 병이 낫게 되면서 비타민 C를 발견 하게 되었다. 아스코르브산은 비타민 C의 다른 이름이다. 비타민 C는 같은 식품 내 다른 영양소의 산화를 방지해 줄 수 있는 항산화제로 작용한다. 또한, 조직세포를 서로 결합시키는 시멘트처럼 작용하는 단백질인 콜라겐 합성에 반드시 필요하다. 게다가 노화를 늦추고 철분의 흡수를 도와주기 때문에 비타민 C가 결핍되면 상처나 골절회복이 느리고 면역성이 약해진다. 비타민 C를 과잉섭취해도 큰 부작용은 없으나 정기적으로 과량섭취시 위염, 설사, 복통, 신장결석 등이 생길 수도 있다.

그림 3-3 불투명한 우유 용기는 리보플라빈이 빛에 의해 파괴되는 것을 막을 수 있다.

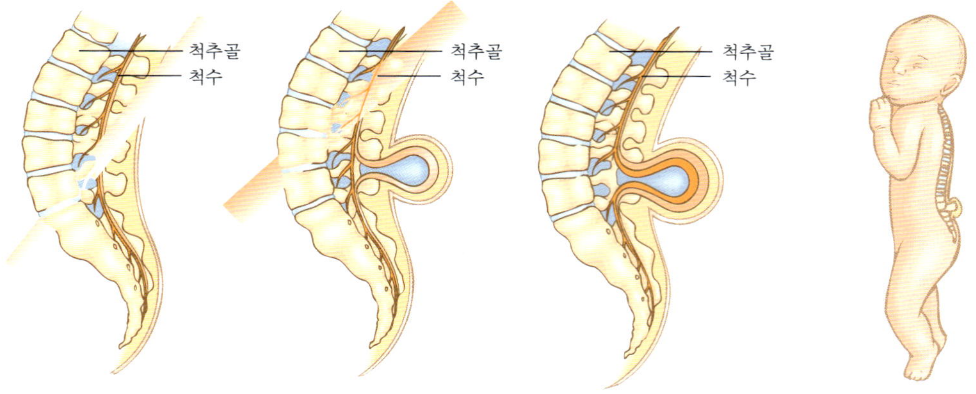

그림 3-4 뇌와 척수에서의 신경관 발달 과정. 엽산이 충분하지 않으면 이분척추와 같은 신경관 손상이 더 빈번하게 나타난다.

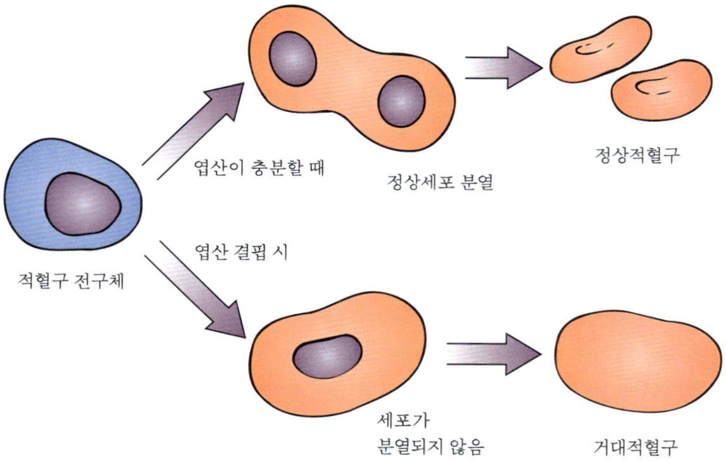

그림 3-5 거대적아구성 빈혈은 혈액 세포가 분열되지 못할 때 발생하는데, 그 결과 비정상적으로 큰 적혈구가 생긴다.

| 2 | 무기질

무기질은 생물체를 구성하는 원소 중에서 탄소, 수소, 산소 등 3원소를 제외한 생물체의 무기적 구성요소로서 광물질이라고 한다. 무기질은 신체의 성장과 유지 그리고 생식에 비교적 적은 양이 필요한 영양소이다. 사람 몸의 구성 성분 중에서 무기질은 체중의 4%를 차지할 만큼 미량이지만 꼭 필요한 영양소이다.

무기질의 구성원소는 칼슘(Ca), 인(P), 칼륨(K), 나트륨(Na), 염소(Cl), 마그네슘(Mg), 철(Fe), 요오드(I), 구리(Cu), 아연(Zn), 코발트(Co), 망간(Mn) 등이 있다. 비타민은 유기물질인데 비하여 무기질은 단일요소로서 탄소를 포함하지 않는 물질이다. 또한, 식물과 세균 등의 유기체는 몇 가지 비타민들은 합성할 수 있지만 무기질은 합성할 수 없다. 그리고 비타민은 공기, 빛, 열 등 여러 가지 처리에 의해 쉽게 파괴되지만 무기질은 일반적인 화학적 방법에 의해 쉽게 파괴되지 않고 매우 안정적이다.

각각의 무기질은 몸 안에서 각기 다른 생리적 기능을 하지만 대체로 구성소와 조절소로서의 역할을 한다. 즉, 뼈와 치아 등 단단한 구성조직을 만드는 데 중요한 물질이다. 이런 역할을 하는 주요 무기질은 칼슘(Ca)과 인(P)이다. 우리 체내에 존재하는 칼슘의 99%는 치아와 뼈에 존재한다. 인은 칼슘과 길항작용을 하므로 다량의 인을 섭취하면 칼슘이 우리 몸에 잘 흡수되지 않으므로 주의해야 한다. 인 함유식품은 육류, 가공식품, 탄산음료 등이다.

또한, 무기질은 체액의 성분으로 pH와 삼투압을 조절하고, 혈액, 조직, 세포들의 적절한 산도 혹은 염기도를 조절하는 조절소의 역할도 수행한다. 이런 역할을 수행하는 무기질은 나트륨(Na), 칼륨(K), 염소(Cl) 등이다. 이중 나트륨은 소금의 성분으로 우유, 치즈, 육류, 간장 등에 많은 양이 들어 있다. 특히 한국인들이 좋아하는 김치와 장아찌 종류에는 나트륨이 더 많이 들어 있다. 소금의 권장량은 하루 7g 정도인데, 대부분의 한국인들의 하루 소금 섭취량은 15~30g이다. 몸속에 나트륨이 많으면 혈관수축과 호르몬 변화가 일어나 고혈압을 야기하고, 체액의 삼투압이 높아져서 세포에서 수분이 빠져나가 세포 내 산도가 증가하므로 단백질 구성이 무너진다. 또한, 소금의 과잉 섭취가 소화관을 자극하여 영양소의 흡수를 방해한다. 특히, 고혈압, 심부전증, 신부전 질환을 앓고 있는 환자는 나트륨의 섭취를 극히 제한해야 한다.

무기질은 효소반응을 활성화시키고 신경의 흥분과 전달에도 관여한다. 이에 해당하는 무기질은 망간(Mn), 코발트(Co), 크롬(Cr), 몰리브덴(Mo) 등이 있다.

기타 무기질에는 적혈구 헤모글로빈 성분인 철분(Fe), 면역과 세포분열, 상처의 회복, 건강한 피부 유지에 필요한 단백질과 콜라겐의 합성에 필요한 아연(Zn), 갑상선 호르몬의 구성분인 요오드(I), 항산화제의 기능을 하는 셀레늄(Se), 충치에 대한 저항력을 길러주는 불소(F) 등이 있다.

4

건강을 위한 식품 선택과 영양 표시 제도

01 건강을 위한 식품 선택

슈퍼마켓에는 수천 가지의 식재료가 있다. 이러한 식재료 중 어떤 식재료 또는 식가공품을 구매할지 선택하는 데는 여러 요인이 작용한다. 얼마나 편리하게 그 식재료를 구입할 수 있는가와 같은 지리적 요인, 가격이나 용량과 같은 경제적 요인, 익숙한 재료인지 낯선 재료인지에 따른 문화적 배경과 수용도 요인, 좋아하는 맛과 색깔 같은 개인적 취향 및 정서적인 요인, 마지막으로 특정 이슈에 대한 관심 여부 등이 한 식재료를 구매하는 결정 요인이 된다. 예를 들어 건강에 관한 관심이 높은 사람들은 심장질환을 일으킬 수 있는 적색육을 회피하며, 환경보호에 대한 관심이 높은 사람들은 제초제나 농약을 적게 쓴 유기농 제품을 더 비싼 가격을 주더라도 선택하게 된다.

| 1 | 건강한 식사의 원칙: 다양성과 균형, 절제

건강한 식사란 다양한 영양소를 먹되 편식이나 과식으로 신체 기능을 저해하지 않는 식사를 의미한다. 그러므로 건강식의 가장 중요한 3요소는 다양성과 균형 그리고 절제라고 할 수 있다그림 4-1.

건강한 식사는 체중을 유지할 수 있고 신체가 필요한 양만큼 탄수화물과 단백질, 지방,

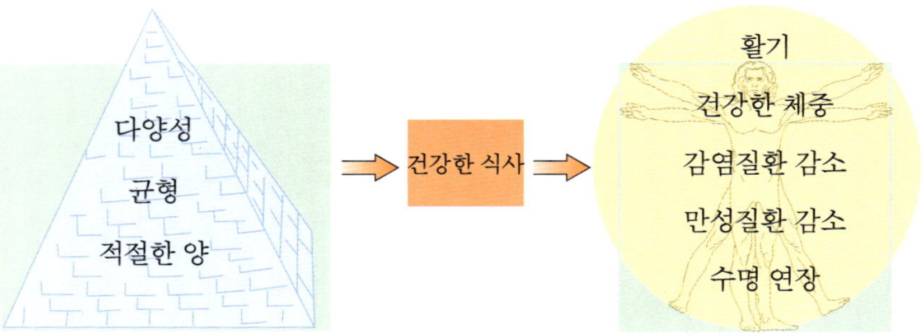

그림 4-1 건강한 식사란 다양성과 균형 그리고 절제에 기초를 둔 것으로 수명을 연장하고 더 건강한 삶을 사는 데 도움을 준다.

물, 비타민과 무기질을 섭취할 수 있어야 한다. 그러나 현대 식생활에서는 정제 당류와 유지의 사용이 많아 에너지 과잉 식사를 하기가 쉽다.

그러므로 영양밀도는 건강을 위한 식품을 선택할 때 중요한 기준이 된다. 영양밀도란 한 식품이 에너지 제공량에 비교하여 다른 영양소의 양을 얼마나 제공하는가를 비교한 수치이다. 영양밀도가 높은 식품은 그 식품이 주는 에너지 양에 비해 단백질이나 무기질, 비타민과 같은 다른 영양소의 양이 많은 것이다.

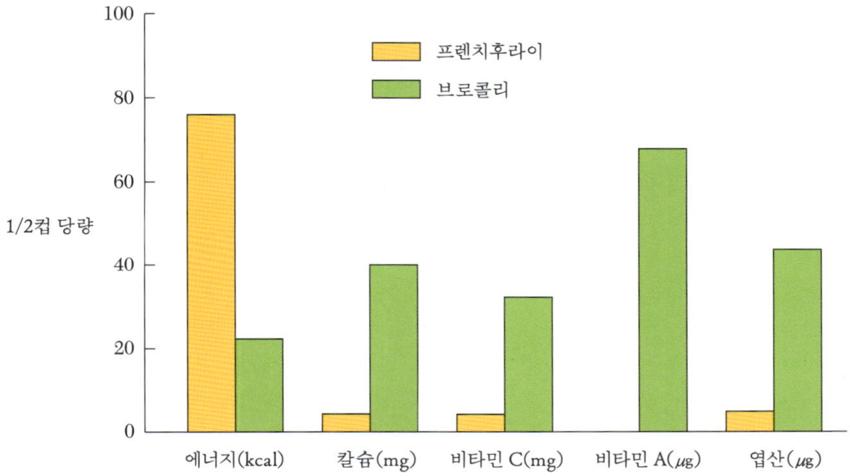

그림 4-2 프렌치후라이와 브로콜리의 영양밀도 비교. 1/2컵의 브로콜리에는 동량의 프렌치후라이보다 더 많은 칼슘, 비타민, 엽산이 들어 있다. 반면 프렌치후라이가 제공하는 열량은 훨씬 높다.

표 4-1 영양밀도가 높은 음식을 고르는 예

영양밀도가 낮은 식품 이런 것 대신에···	영양밀도가 높은 식품 이런 것을 드세요
청량음료	저지방우유
초콜릿 사탕	과일과 견과류를 섞어 만든 스낵
사과파이	신선한 사과
감자칩, 프렌치후라이	찌거나 구운 감자
브라우니	오트밀 쿠키
닭튀김	껍질을 벗겨 구운 닭

| 2 | 식품 구성탑

건강한 식사를 하기 위해서는 식품의 다양성과 균형 그리고 절제의 원칙을 지켜야 한다. 다양성은 곡류와 야채, 과일, 유제품, 고기류를 골고루 섭취하는 것이다. 어떤 식품에는 단백질과 무기질이 많이 들어 있고, 어떤 식품에는 비타민과 식물화학물질이 많이 들어 있다. 그러므로 다양한 식품을 섭취할 때 영양 불균형이 생길 가능성이 낮아진다.

대한영양학회에서는 한국인들이 각각의 식품군을 얼마나 먹어야 하는지를 쉽게 알아볼 수 있도록 식품 구성탑을 만들었다. 이 식품 구성탑은 미국의 마이피라미드(MyPyramid) 아이디어를 한국화시킨 것이다. 곡물군, 채소와 과일군, 육류와 두류군, 우유와 유제품군, 그리고 유지와 당류의 5개 식품군의 상대적인 섭취 비율과 횟수를 정하였다. 탑의 가장 바탕이 되는 층에는 한국인의 주식인 곡류와 전분류를 놓고 양적으로 많이 먹어야 하는 채소와 과일류는

출처: (사)한국영양학회

그림 4-3 식품 구성탑. 한국인의 식품 구성탑은 윗부분으로 갈수록 작아져서 해당 식품군을 적게 먹어야 한다는 것을 표시하고 있다.

개인 활동 차이와 성별, 체구성을 감안한 식품 권장표

곡류(180g)	채소류(2 ½컵)	과일류(3컵)	우유(1컵)	고기와 두류(5 ½컵)
절반은 통곡식으로 먹는다.	**다양한 채소를 먹자.** **한 주 목표** 녹색채소 3컵 황색채소 2컵 풋콩과 완두콩 3컵 구근류 3컵 기타 채소 6과 1/2컵	**다양한 종류의 과일을 먹는다.** 주스는 삼간다.	**칼슘이 풍부한 음식을 고르자.** 우유나 요구르트, 치즈를 고를 때에는 저지방이나 무지방 제품을 선택한다.	**지방이 적게 든 육류** 지방이 적은 부위를 선택한다. 될 수 있는 한 다른 급원에서 단백질을 섭취한다.

식사와 신체 활동의 균형을 찾는다. 최소한 하루 **30분**은 운동한다.	**허용되는 지방과 단당류 및 소금량을 안다.** 유지류는 하루 6작은술이 허용치이다. 단당류와 기타 고체지방은 265kcal가 허용치이다.

이 결과는 2,000kcal 기준입니다. **이름** ____________________

그림 4-4 미국 식품 구성탑의 예. 개인적인 활동에너지 차이를 고려한 18세 여성(2,000kcal)의 식품 구성탑 그림

두 번째 층에 분류하였다. 반찬으로 주로 먹는 육류와 생선, 달걀 및 콩과 같은 단백질 식품은 세 번째 층에 놓고, 한국인의 식사에 부족하기 쉬운 칼슘 급원식품을 네 번째 단에 배치하였다. 이 층에는 주로 우유와 유제품이 해당된다. 가장 위층에는 에너지를 내는 단순당과 지방을 배치하였다. 탑의 윗부분으로 갈수록 부피가 작아지는 것은 해당 식품을 적게 먹어야 하는 것을 의미하고, 반대로 아랫부분으로 갈수록 상대적으로 더 많은 양 또는 더 여러 번 섭취해야 한다는 것을 표시하고 있다**그림 4-3**.

● 전통적으로 건강한 지중해식 식품 구성탑

| 과 학 의 적 용 |

1916년 덴마크의 의사인 랑겐은 고콜레스테롤 식사가 혈중 콜레스테롤을 높이고 심장질환의 유발률을 높인다는 가설을 세웠다. 그러나 이 가설이 실제 증거를 얻게 된 것은 1950년에 미네소타 대학 안셀 케이 교수의 역학조사 결과가 나옴으로써 가능했다. 안셀 케이 교수는 7개 대륙에 걸쳐 16개 지역의 127,763명을 조사한 '7대륙 식이 섭취 조사'를 통해 식사와 심장질환 유발률에 대한 상관관계를 밝혔다. 그의 연구에서 북유럽 식사는 유제품의 사용이 많고, 미국의 식사는 고기류가 주식이며, 남유럽에서는 야채와 콩, 생선과 와인이, 일본은 곡류와 콩 단백질 및 생선이 주가 되는 식사임을 보고하였다. 10년 동안의 추적연구 끝에 관상심장질환의 유발률이 지역에 따라 놀라울 정도로 다르다는 것을 밝혀냈다. 예를 들어 크레타 섬에서는 심장질환으로 686명 중 단 1명만이 사망한 반면, 북유럽의 핀란드에서는 817명 중 78명이 사망하였다. 그 연구 결과로 심장질환은 포화지방과 열량의 섭취에 비례한다는 것을 확신하게 되었다. 일본과 같이 총 지방량과 포화지방량이 낮은 식사를 하는 지역에서는 심장질환으로 사망할 가능성도 낮았다. 핀란드와 같이 포화지방과 콜레스테롤을 많이 섭취하는 지역일수록 혈중 콜레스테롤도 높았고 관상동맥경화가 심했으며 심장질환 사망률도 높았다.

그러나 이 연구 결과 단순히 혈중 콜레스테롤과 관상심장병 발생률이 비례한다고만 보기에는 설명할 수 없는 현상이 일부 있었다. 혈중 콜레스테롤의 수준이 같은데도 다른 인구 집단에서는 다른 정도의 심장질환 위험률이 나타난 것이다. 예를 들어 북유럽에 사는 혈중 콜레스테롤이 200인 사람이 심장질환으로 사망할 확률은 남부 유럽에 사는 혈중 콜레스테롤 200인 사람보다 5배 이상 높았다. 이 결과는 콜레스테롤뿐 아니라 다른 식이 및 생활환경 요인이 작용한다는 것을 의미한다. 지중해로 둘러싸인 남부 유럽은 관상 심장질환발생률이 낮은 지역 중 하나이다. 이들의 지방 섭취량은 낮은 수준이 아니다. 그러나 주로 지방의 급원으로 올리브유를 사용하고 있었고 통곡식과 야채를 주식으로 먹었으며, 매일 와인을 마시지만 많은 양을 마시는 것은 아니고, 비교적 스트레스를 적게 받는 생활습관을 가진 것으로 알려졌다.

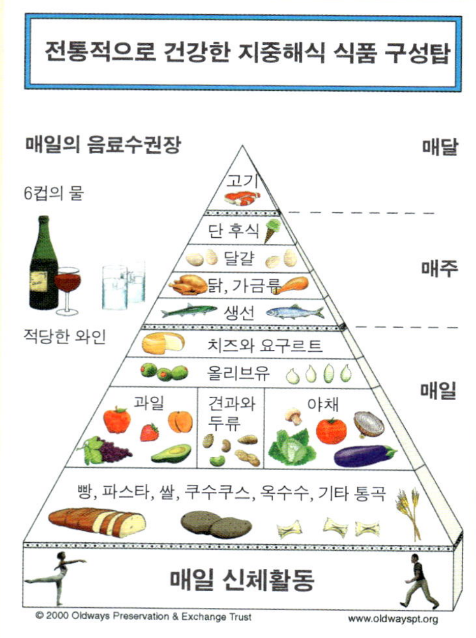

전통적으로 건강한 지중해식 식품 구성탑

오늘날 관상심장질환을 예방하기 위한 권장 음식들은 이들 지중해식 식생활 연구에서 나온 것이 많다. 심장질환을 예방하기 위해 포화지방을 줄이고 올리브유와 같이 정제되지 않은 식물성 유지를 사용하며, 통곡식과 과일 및 야채, 콩류 식품을 먹는 것을 권장하는 것이 대표적인 지중해식의 패턴이다.

40년이 지난 오늘날까지 '7대륙 식이 섭취 조사'는 계속하여 자료를 모으고 있다. 국경을 넘어선 역학 조사로 과학자들이 미처 알지 못한 관상심장질환의 비밀과 이 질환을 예방할 수 있는 더 좋은 식사 모델의 연구가 계속 진행되고 있다.

표 4-2 에너지 필요량 찾기

나이	남			여		
	저활동성	활동성	고활동성	저활동성	활동성	고활동성
	kcal					
16~18	2,400	2,800	3,200	1,800	2,000	2,400
19~20	2,600	2,800	3,000	2,000	2,200	2,400
21~25	2,400	2,800	3,000	2,000	2,200	2,400
26~30	2,400	2,600	3,000	1,800	2,000	2,400
31~35	2,400	2,600	3,000	1,800	2,000	2,200
36~40	2,400	2,600	2,800	1,800	2,000	2,200
41~45	2,200	2,600	2,800	1,800	2,000	2,200
46~50	2,200	2,400	2,800	1,800	2,000	2,200

저활동성 : 하루에 30분 이하로 활발히 움직임 / 활동성 : 하루에 30~60분 정도 활발히 움직임 / 고활동성 : 하루에 60분 이상 활발히 움직임

표 4-3 다른 에너지 수준에서 식품군 선택

에너지 수준(kcal)	1,800	2,000	2,200	2,400	2,600	2,800	3,000	3,200
곡류(30g)	6	6	7	8	9	10	10	10
채소류(컵)	2.2	2.5	3	3	3.5	3.5	4	4
과일(컵)	1.5	2	2	2	2	2.5	2.5	2.5
우유(컵)	3	3	3	3	3	3	3	3
고기(30g)	5	5.5	6	6.5	6.5	7	7	7
기름(작은술)	5	6	6	7	8	8	10	11

● '나의 식품 구성탑' | 좀 더 생각하기 |

개개인의 나이, 생애 주기, 활동량에 따라 필요 영양소 요구량이 다른 점을 고려하여 개인에 맞게 식품 구성탑을 만들 수 있다. www.MyPyramid.gov에서 '나의 식품 구성탑 만들기'를 클릭하고 자신의 나이, 성별, 활동량을 입력하면 나의 식품 구성탑이 만들어진다.

1··· 나이, 성별, 활동에 따른 나의 피라미드 만들기를 선택한다.
2··· 하루 동안 먹은 음식을 모두 기록한다.
3··· 각 음식이 어떤 식품군에 속해 있는지를 기록한다.
4··· 나의 식품 구성탑과 내가 먹은 음식을 비교한다.
5··· 어떤 음식을 변경하면 구성탑에서 권장하는 비율로 맞출 수 있는지를 본다.
6··· 식단에서 영양밀도가 높고 에너지량은 낮은 식품을 찾아보고 그렇지 않는 식품을

| 3 | 식품 교환법

식품 구성탑은 어떤 종류의 식품을 몇 번이나 먹어야 하는지를 한눈에 쉽게 알게 하는 역할을 하지만 당뇨병이나 심장병과 같이 특정 영양소의 요구나 제한이 엄격하게 시행되어야 하는 이들에게는 사용하기 어려운 점이 많다. 예를 들어 세 번째 층에 배치된 육류와 생선, 콩 제품군은 단백질 식품이라는 공통점이 있는 반면 지방의 함량은 매우 다를 수 있다. 지방 함량이 높은 육류를 섭취 빈도에만 맞추어 먹게 되면 전체 섭취 열량이 높아지고 포화지방량이 많아 심장질환이나 뇌혈관질환의 위험도가 높아진다. 이런 위험을 방지하기 위하여 식품을 탄수화물, 단백질과 지방, 열량이 비슷한 식품끼리 묶어서 1회 분량을 식품별로 제시한 것이 식품 교환법이다. 식품 교환법은 원래 열량을 제한해야 하는 당뇨병 환자들이 쉽게 식생활 계획을 할 수 있도록 미국당뇨병학회에서 고안한 것이다. 연령과 성별에 맞게 식품 교환 단위수를 지정해 줌으로써 전문가가 아니어도 필요한 열량과 영양소를 골고루 든 식단을 계획할 수 있다. 지금은 비만 또는 다른 질환으로 인해 식이 관리를 해야 하는 사람들에게도 식품 교환법이 편리하게 사용되고 있다.

식품 교환법에 따르면 20~29세의 남자는 하루에 곡류를 14교환, 어육류 중 저지방군 4교환, 중지방군 4교환, 채소 7교환, 과일 3교환, 우유 1교환, 지방 6교환에 해당하는 식품을 고르면 2,600kcal의 필요 열량을 충족시키면서도 충분한 비타민과 무기질, 단백질이 든 식사를 할 수 있다표 4-4, 표 4-5.

표 4-4 식품 교환표

식품군		영양소			열량	교환단위 예
		당질	단백질	지방	(kcal)	
곡류군		23	2		100	감자 1개, 밥 1/3공기, 식빵 1쪽, 옥수수 1/2대, 삶은 국수 1/2공기
어육류군	저지방군		8	2	50	기름기 없는 고기 40g, 생선 1토막, 조갯살 1/3컵
	중지방군		8	5	75	달걀 1개, 두부 1/5모, 햄 1장, 보통 기름기의 고기 40g
	고지방군		8	8	100	삼겹살·갈비 40g, 껍질 있는 닭다리 1개, 치즈 1과 1/2장
채소군		3	2		20	당근, 시금치, 가지, 배추, 깻잎, 무 등 70g
과일군		12			50	사과 1/2개, 귤 1개, 과일주스 1/2컵, 딸기 12개
우유군		11	6	6	125	우유나 두유 1컵, 분유 5큰술
지방군				5	45	마요네즈 1과 1/2큰술, 땅콩 1큰술, 잣 1작은술, 식용유, 참기름, 버터 1작은술

표 4-5 활동량을 고려하지 않은 연령별, 성별, 식품 교환단위 수

식품군 / 연령	성	곡류군	어육류군		채소군	과일군	우유군	지방군	열량 (kcal)
			저지방	중지방					
1~2세	남, 녀	4	2	1	2	1	2	2	1,000
3~5세	남, 녀	6	1	3	4	1	2	3	1,400
9~11세	남	9	3	3	5	2	2	4	1,900
	여	8	2	3	4	2	2	3	1,700
20~29세	남	14	4	4	7	3	1	6	2,600
	여	10	3	4	7	2	1	4	2,100
50~64세	남	11	4	4	7	2	1	5	2,200
	여	9	3	3	7	2	1	4	1,800
75세 이상	남	10	3	4	7	2	1	4	2,000
	여	8	2	3	7	2	1	3	1,600

02 영양 표시 제도

| 1 | 식품 영양 정보의 목적

식품 영양 정보는 주로 대중이 건강을 유지하고 질병을 예방하는 최신 영양 정보를 전달하는 데 일차적인 목적이 있다. 대중을 위한 건강 가이드라인에 더하여 특정 대사성 질환을 가진 개인들에게 도움이 되는 정보를 기록하는 것이 중요하다. 로마의 철학자이자 과학자인 루크레티스는 "한 사람의 음식이 다른 사람에게는 쓰디쓴 독약이 될 수 있다."는 말로 영양 정보가 가지는 중요성을 한 마디로 정의하였다. 예를 들어 음식 알레르기를 가진 이들에게 재료의 정보를 주는 것은 음식과 독약만큼의 차이를 만들어낸다.

| 2 | 식품 영양 정보의 내용

식품 영양 정보에는 그 식품이 함유하는 영양 성분의 양을 표시를 하고 있는데 이는 일반 대중이 그 식품 내에 어떤 영양소가 어느 정도로, 1일 권장량의 몇 퍼센트나 들어 있는지를 쉽게 알 수 있게 해 준다. 미국에서는 75% 이상의 식품에서 영양 표시 라벨을 찾아볼 수 있다. 우리나라에서도 가공된 식품에는 영양 표시 라벨을 붙이는 것이 의무화되어 있다. 영양 표시 제도는 세계적으로 동일한 방식으로 사용되고, 영양소에 대한 정보도 표준화된 방법으로 제공되기 때문에 표시된 정보가 의미하는 바를 파악하는 것이 중요하다. 첨가물이나 강화된 영양소도 많은 것부터 나열하도록 되어 있으며, 특정 기준을 충족시킬 때는 무-, 저-, 고-와 같은 접두사를 붙일 수 있다. 예를 들어 설탕의 양이 0.5g 이하면 '무설탕', 20mg 이하의 콜레스테롤이 들어 있으면 '저 콜레스테롤'이라고 쓰는 것이 허용된다. 일반적으로 과일이나 채소, 육류와 같은 생식품에는 영양 정보를 표시하지 않는다표 4-6.

표 4-6 영양 표지 라벨에 쓰이는 형용사의 의미

형용사	내용
무설탕	설탕이 전혀 없거나 1회 분당량 0.5g 이하 함유된 제품. '3무, 제로, ~없이' 라는 표현도 동일하게 사용됨
설탕 감소	원래 제품보다 25% 이하 설탕량을 함유
제로 칼로리	가공 과정에서 설탕이나 설탕을 함유하고 있는 제품을 사용하지 않음 (100mg당 4kcal 이하)
고섬유질	1회 분량당 하루 권장량의 25%의 섬유소를 포함하고 있는 제품
좋은 섬유소 급원	1회 분량당 하루 권장량의 10~19%의 섬유소를 포함하고 있는 제품
저섬유질	1회 분량당 하루 권장량의 10% 미만의 섬유소를 포함하고 있는 제품
무트랜스지방	1회 분량당 트랜스지방이 전혀 없거나 0.5g 이하의 제품

영양 정보

영양 정보의 기준량 제시

1회 1컵 분량(228g)
총 2회 분량

1회 분량당 양

열량 250, 지방에 의한 열량 110

	1일 권장량의 %*
총 지방 12g	**18%**
포화지방 3g	**15%**
트랜스지방 1.5g	
콜레스테롤 30mg	**10%**
나트륨 470mg	**20%**
총 탄수화물 31g	**10%**
식이섬유소 0 g	**0%**
당류 5g	
단백질 5g	
비타민 A	4%
비타민 C	2%
칼슘	20%
철	4%

꼭 필요한 영양소이지만 과다 섭취를 제한해야 할 영양소

충분히 공급하는 것이 좋은 영양소

이 식품에 1일 권장량 대비 얼마만큼의 영양소가 들어있는가가 표시된다(5% 이하이면 낮은 편이고, 20% 이상이면 높은 편).

* 1일 권장량은 2,000kcal를 기준으로 책정된다. 개인차가 있을 수 있다.

기타

	Calories:	2,000	2,500
Total Fat	Less than	65g	80g
Sat. Fat	Less than	20g	25g
Cholesterol	Less than	300mg	300mg
Sodium	Less than	2,400mg	2,400mg
Total Carbohydrate		300g	375g
Dietary Fiber		25g	30g

그림 4-5 식품 영양 정보 읽는 법. 1990년에 발효된 영양표시법은 식품정보를 표준화된 방식으로 제공하도록 규정하고 있다.

| 3 | 특수한 질환에 대한 예방 표지

아스파탐이나 MSG와 같은 첨가물들은 일반인들에게는 무해하지만 특수한 대사장애를 가진 사람들에게는 큰 문제가 될 수도 있다. 땅콩이나 밀가루, 콩과 같은 단백질 식품 역시 마찬가지로 알레르기를 가진 사람들에게는 라벨의 영양 성분명에 표시가 되어 있지 않을 정도로 소량 첨가되어도 문제가 될 수 있다.

소비자보호법에 의하면 식품가공업자는 이 제품이 음식 알레르기원을 포함하는지를 명확히 밝혀 놓아야 한다. 주된 음식 알레르기원은 우유, 달걀, 땅콩, 견과류, 생선, 조개, 콩, 밀 등이다. 약 90%의 알레르기는 이들 8가지의 알레르기원에 의해 유발된다. 견과류는 구체적으로 아몬드, 피칸, 호두 등 이름을 구체적으로 밝혀야 하고 조개와 생선도 종을 적어야 한다. 예를 들어 농어, 대구, 숭어, 게, 랍스터, 새우 등 종목과 구체적인 이름이 들어가야 한다. 이 정보는 알레르기원이 든 식품을 사람들이 빨리 인지하여 의도하지 않았던 알레르기원을 먹

그림 4-6 영양 정보는 1회 제공당 몇 mg의 단백질이 있는가만을 말해준다. 그러나 아래 부분에 표시된 재료 항목에는 어떤 아미노산 또는 단백질이 제품을 만드는 데 사용되었는지를 기입함으로써 알레르기 반응을 피할 수 있게 한다.

는 일이 없도록 하기 위한 장치이다.

알레르기원은 세 가지 방식으로 알아볼 수 있다. 첫 방법은 재료란에 쓰는 것으로 우유가 사용되었으면 '우유' 라고 쓰는 것이다. 두 번째 방법은 알레르기원이 될 수 있는 성분을 밝히는 것이다. 예를 들어 우유에 알레르기가 있는 사람은 우유단백질인 카제인에 대해 알레르기를 가질 수 있다. 그러므로 우유를 피해야 할 뿐 아니라 카제인이 든 음식도 피해야 한다. 카제인은 종종 카제인산 나트륨으로 표시되어 있고 주로 미백제나 빙과류 토핑에 많이 사용된다. 그러므로 라벨의 재료란에는 '카제인(우유)' 이라고 써주어야 하는 것이다. 세 번째 방식은 8가지의 알레르기원 중 하나나 그 이상의 재료를 이용해 가공식품을 만들었을 때 재료 리스트 끝에 '사용' 이라는 단어를 사용하여 주된 알레르기원부터 나열해 주는 방식이다. 예를 들어 말미에 "밀과 콩으로 만든 재료가 사용되었습니다."라고 표시해 주면 그 제품에는 유화제 용도나 질감을 좋게 만들기 위해 콩단백질 추출물을 넣었다는 뜻이 된다. 콩을 피하려고 하는 사람들은 수프를 콩제품이라고 생각하지 않기 쉬운데 이와 같은 재료 말미의 경고는 이 제품이 콩으로 만든 재료를 포함하고 있음을 밝히는 것이다그림 4-6.

| 4 | '웰빙과자' 의 허와 실

'웰빙과자' 가 인기다. 하지만 이들 과자도 몸에 해로운 성분 함량은 일반과자와 비교해 더 많거나 큰 차이가 없는 것으로 나타났다. 2010년부터 영양성분 표시제가 의무화되면서 과자의 영양성분 표시가 전면 공개되었다.

이를 계기로 웰빙과자의 대표격인 ㅇ제과사의 닥터 ㅇ와 마켓 △의 영양 성분을 일반 과자와 비교해보았다. 전문가들이 과자에서 가장 나쁜 성분이라고 꼽는 것이 포화지방과 나트륨이다. 최근 식품의약품안전청 조사에 따르면 이들 과자는 또 다른 나쁜 성분으로 꼽히는 트랜스지방 함유는 줄어들었지만 포화지방 함유는 좀처럼 줄어들 기미를 보이지 않고 있다. 포화지방은 과잉 섭취하면 심장병, 비만 등 혈관질환을 유발해 '건강의 적' 으로까지 불리고 있으며, 나트륨을 과다 섭취하면 고혈압, 심장병 등이 유발된다. 그런데 100g을 기준으로 했을 때, '마켓 △ 리얼브라우니' 의 포화지방 함유량은 21.5g으로 '후레쉬베리(9.6g)' 의 2.2배,

같은 회사 제품 '초코파이(12g)' 의 1.8배에 달했다. '닥터 ○ 통밀×××케익(15.4g)', '임실 자연치즈와 100% 순수 이천쌀을 넣어 구운 골든××(14.5g)' 의 포화지방 함유량 역시 초코파이보다 높았다.

100g당 나트륨 함량은 '마켓 △ 워터크래커(460g)', '100% 순수 이천쌀과 남해안 통멸치를 넣어 구운 골든××(450g)', '닥터 ○ 새우 라이스×(440g)' 등이 일반 제품에 속하는 '×××나쵸(400g)', '포카칩 ××××(375g)' 보다 많았다.

'웰빙과자' 는 탄수화물, 단백질, 지방성분 비율을 한국인 체질에 맞게 자연재료를 넣은 과자임을 표방하기 때문에 가격도 일반 제품에 비해 2~4배가량 비싸다. '웰빙' 이라는 말에 걸맞게 해로운 성분이 적은 제품도 일부 있지만, 표 4-7에 표시된 것처럼 상당수 제품은 포화지방이나 나트륨, 당류 함유량이 일반 제품과 별반 차이가 없었다. 따라서 과자는 과자일 뿐이라는 생각을 가지고 구매하는 마음가짐이 필요하다고 하겠다. 즉, '프리미엄' 혹은 '웰빙' 과자는 몸에 해로운 부분을 줄인 것이 아니라 양질의 원료를 써서 맛을 좋게 한 제품인 만큼 과자가 몸에 좋다고 오해해서는 안 된다는 것이다.

표 4-7 웰빙과자와 일반제품 영양성분 함량 비교(100g 기준)

분류	닥터 ○			일반제품			마켓 △		
제품	통밀 ××× 케익	새우 라이스 ×	이천쌀 남해안 통멸치를 넣은 골든××	초코 파이	후레쉬 베리	포카칩 ××××	×× 브라우니	×× 감자	×× 크래커
열량(kcal)	446.4	410	420	442.9	460	535.7	525	500	436.5
당류(g)	17.9	4	10	45.7	36	1.8	35	0	6.3
포화지방(g)	15.4	2.4	2.5	12	9.6	4.3	21.5	4.2	1.3
나트륨(mg)	250	440	450	214.3	160	375	125	372.1	460.3

(출처 : 매일경제신문)

5

소화와 흡수 그리고 대사

01 소화계의 개관

소화계는 소화와 흡수라는 2개의 큰 기능을 담당한다. 대부분의 음식 속에 든 영양소들은 생체로 흡수되기 전에 소화가 되어야 한다. 예를 들어 통밀빵 한 조각이 그대로 소화관을 가로질러 흡수될 수는 없다. 먼저 조각조각 부서져 그 속에 든 탄수화물, 단백질, 지방으로 나뉘어야 한다. 그런 다음 탄수화물들은 당류로, 단백질들은 아미노산으로, 지방은 지방산으로 각각 분해되어야 우리 몸에서 흡수할 수 있다. 통밀빵 속에 든 섬유질은 탄수화물이기는 하지만 소화가 될 수 없고 따라서 몸속으로 흡수되지 않는다. 섬유소와 다른 흡수되지 않는 물질들은 소화관을 통과하여 대변으로 배출된다.

| 1 | 위장관 소화계의 구조

소화계의 주요 부분은 위장관이다. 위장관은 다른 말로 소화관, 영양관, 장관 등으로 불리며, 입에서 항문까지 약 130cm 정도 길이의 속이 빈 튜브 모양 관이다. 소화기관을 구성하는 기관들로는 구강, 인두, 식도, 위장, 소장, 대장, 항문이 있다그림 5-1.

이런 기관들로 이루어진 내부 공간을 내강이라고 부르는데 내강 속의 음식물들은 아직 몸 내부로 흡수된 것이 아니므로 엄밀히 말하자면 체외에 존재하는 것이 된다. 그러므로 소화시키지 못하는 음식물을 삼켰을 때(예를 들어 사과씨 같은 것) 이들은 소화관을 통과하여 대변으로 배출된다. 음식들은 흡수 과정을 통하여 체내로 이동된 후 세포로 전달되어 용도대로 사용된다.

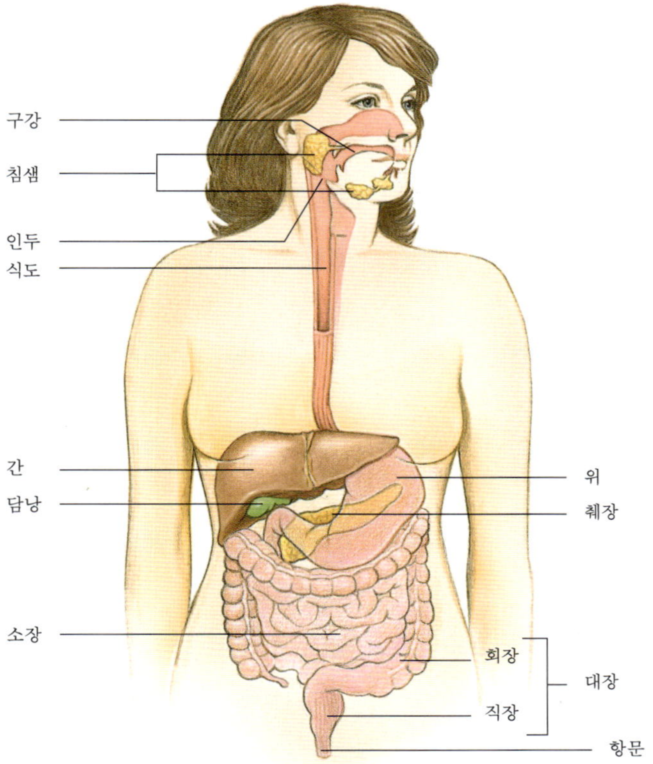

그림 5-1 소화계는 구강, 인두, 식도, 위, 소장, 대장, 항문과 같이 소화관을 구성하는 여러 기관들과 침샘이나 간, 담낭, 췌장과 같은 부속 영양 기관들로 이루어져 있다.

02 소화와 흡수

음식이 생체에서 사용되기 위해서는 섭취된 뒤 먼저 소화되어야 한다. 그리고 소화된 영양소들은 흡수되어 체세포막을 통과하여 전달되어야 한다. 대부분의 음식들은 탄수화물과 지방 그리고 단백질의 혼성물이기 때문에 소화관은 이들 영양소들이 소화와 흡수 과정에서 서로 경쟁하지 않도록 생리적인 조화를 이루고 있다.

| 1 | 구강

구강은 음식이 소화관으로 들어가는 진입 지점으로서 음식을 맛보고 기계적으로 저작하며 화학적인 소화가 시작되는 곳이다. 타액은 음식을 쉽게 맛보고 삼킬 수 있도록 수분을 주는데, 이를 통해 우리가 음식의 맛을 느낄 수 있게 해 준다. 또한 전분의 화학적 소화를 시작하고 구강을 청소해 주며 치아가 부식하는 것을 막아 주는 동시에 상부 소화관을 적셔 주는 윤활유 역할을 한다.

타액이 음식 맛을 느끼게 하는 원리는 음식 속에 있는 맛을 내는 분자들을 먼저 침에 녹여 혀에 존재하는 미뢰 속으로 들어가 감지되게 하는 것이다. 또한 타액은 탄수화물을 화학적으로 소화시키기 시작하는데, 이는 침 속에 들어 있는 아밀라제 때문이다. 침 아밀라제는 빵이나 곡류 속 전분을 이루는 긴 포도당 사슬을 잘라 짧은 포도당 사슬로 만든다. 타액은 또한 충치를 방지하는데, 이는 음식 조각들을 이에 들러붙지 않게 씻어내는 역할을 하기 때문이다. 또한 침은 리소자임이라는 효소를 가지고 있는데, 이 효소는 세균의 성장을 억제하는 역할을 하여 충치를 방지하는 데 일조한다.

소화효소는 음식 입자의 표면에서만 작용할 수 있다. 그러므로 저작은 기계적으로 음식을 부수는 중요한 조작활동으로, 저작함으로써 소화효소와 닿을 수 있는 표면 면적이 넓어진다. 어른은 32개의 치아를 가지고 있으며 각 치아는 위치에 따라 부수고 갈고 잡아 뜯고 무는 역할을 담당한다. 저작은 영양소를 가둬 두는 물리적인 구조물인 섬유소를 부수는 역할을 하여 음식에서 영양성분이 잘 유리되게 한다. 만약 섬유질이 부서지지 않으면 일부 영양소는 흡수될 수 없는데, 예를 들어 건포도나 옥수수알맹이를 아주 잘 씹지 않으면 그대로 위장관을 통과하므로 섬유질 껍질 내부에 든 영양소들은 체내에서 전혀 이용되지 않는다.

혀는 음식들을 치아 사이로 재배치시킴으로써 저작을 돕는데, 혀의 움직임은 침과 음식을 섞어 주어 침과 음식이 한 덩어리로 뭉치면서 잘 삼켜질 수 있게 도와준다.

| 2 | 인두와 식도

음식이 씹혀서 한 덩어리로 뭉쳐지면 혀는 이 음식물을 인두 쪽으로 밀어 보내 삼키게 한다. 인두는 소화관과 호흡기관이 공유하는 길로, 음식물과 액체는 인두를 통과하여 위장으로 내려가고 공기는 폐로 전달된다. 음식물을 삼키는 것은 의식적으로 근육을 수축시켜서 일어나는 일이지만 그 이후는 신경의 조절 하에 자동으로 진행된다. 삼키는 동안 공기 통로는 후두개 연골에 의해 밸브처럼 닫혀 음식물을 위로 향하게 한다.

식도는 복부와 폐 부분을 나누어 주는 황경막을 통과하는 관으로 인후와 위를 연결해 준다. 음식물 덩어리는 식도에서 평활근의 연동 운동에 의해 리듬감 있게 아래로 내려간다. 연동 운동은 마치 파도 물결 같이 원형 근육의 내공을 좁혔다 넓혔다 하면서 음식과 액체를 밑으로 밀어낸다. 단단한 음식물이 인두를 통해 식도를 거쳐 위에 도달하는 데는 단 4~8초밖에 걸리지 않고 액체는 더욱 짧은 시간이 소요된다. 식도의 연동 운동은 매우 강렬해서 사람이 거꾸로 서 있어도 음식물이 식도에서 위로 전달된다. 이 수축성 근육운동은 신경계에 의해 자동으로 조절되며 위장관 전체를 걸쳐 식도에서 대장 쪽으로 음식을 밀어내는 방향으로 작용한다.

| 3 | 위

위는 소화관에서 일시적으로 음식을 저장할 수 있는 확장된 공간이다. 위에 음식물이 저장되면서 음식물 덩어리들은 산도가 강한 위의 분비물과 섞여 카임(chyme)이라고 부르는 반유동성 액체가 된다. 위에서도 일부의 소화는 일어나지만 물과 알코올 그리고 아스피린이나 아세토아미노펜(진통제인 타이레놀의 성분명)과 같은 일부 약물을 제외하면 흡수는 거의 일어나지 않는다.

| 4 | 소장

소장은 음식의 소화를 담당하는 주요 기관이자 영양소의 흡수를 담당하는 기관으로서 길이가 6m 정도 되는 가늘고 긴 관으로 크게 세 부분으로 나뉜다. 처음 30cm 정도는 십이지장이며, 나머지 2.5m는 공장, 그리고 마지막 3m는 회장이다. 소장의 구조는 영양소가 최대한 흡수되기에 적당한 구조로 되어 있다.

4-1 담즙과 췌장의 분비

소장은 소화를 도와주는 효소들과 더불어 소장액을 분비한다. 소장액은 위액에 비해 묽은 점액으로 영양소의 흡수를 도와주는 역할을 한다. 소장에서 정상적인 소화와 흡수과정이 일어나려면 췌장과 담낭의 도움이 꼭 필요하다.

췌장 아밀라제 효소는 침 아밀라제가 시작한 전분을 당류로 분해하는 작업을 계속하여 진행시키고 단백질분해효소인 트립신과 키모트립신은 단백질을 더 짧은 아미노산 사슬로 분해한다. 췌장 지방분해효소인 리파아제는 중성지방을 지방산으로 분해한다. 소장 점막 세포에 붙어 있는 소장 소화효소들은 당류의 소화에 작용하여 이들을 단당류로 소화시키고 작은 폴리펩티드 사슬을 아미노산으로 분해한다.

4-2 영양소는 어떻게 흡수되는가

소장은 물과 비타민, 무기염류, 탄수화물, 지방, 단백질 소화산물의 일차적인 흡수 장소이다. 이러한 영양소들을 흡수하기 위해서 이 영양소들은 소화관의 내강에서 점막 세포 안으로 이동해야 하고, 그런 다음 혈관이나 림프관으로 들어가야 한다. 흡수에는 몇 가지의 다른 기전이 관계하고 있다그림 5-2. 일부 분자는 확산에 의해 흡수된다. 확산은 분자가 고농도의 액상에서 저농도의 액상으로 이동하여 평형을 맞추려는 현상이다. 이때 이동되는 분자들은 농도 차이에 따라 자연스럽게 움직인다. 그러므로 농도 차이가 존재할 때 영양소가 장 내강에서 장 점막 세포로 이동하는 단순 확산의 과정은 에너지의 투입이 필요하지 않다. 물도 확산에 의해 이동되는데 이는 삼투압의 차이를 이용한다. 삼투압은 생체막을 사이에 두고 용질의 농도 균형을 맞추고자 물이 이동하는 현상을 말한다. 예를 들어 장 소장의 내강에 고농도의 당

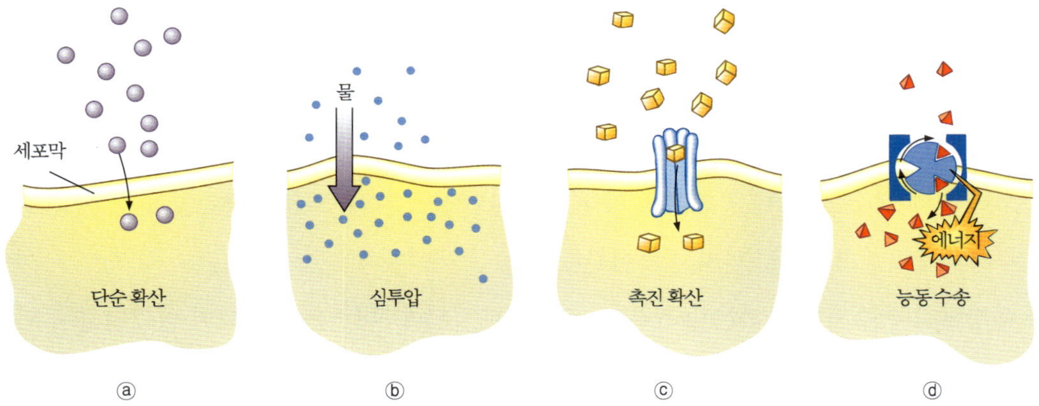

그림 5-2 영양소들은 여러 가지 방법으로 장 내강에서 세포막을 통과해 세포 내로 이동된다. ⓐ 단순 확산은 에너지가 필요 없다. 보라색 알맹이들은 고농도 지역에서 저농도 지역으로 이동한다. ⓑ 삼투압은 물의 확산이다. 용질이 저농도 지역과 고농도 지역으로 나뉠 때 물은 저농도 지역에서 고농도 지역으로 이동하여 결과적으로 용질의 농도 평형을 가져오는 힘이다. ⓒ 촉진 확산은 에너지는 필요하지 않지만 고농도 지역에서 저농도 지역으로 수송되는 데 수송체의 도움을 필요로 한다. ⓓ 능동수송은 저농도에서 고농도 지역으로 이동될 때 에너지와 수송체를 필요로 한다.

류가 있다면 물은 실제로 점막 세포로부터 내강으로 이동한다. 반면 당류가 흡수되어 내강의 설탕 농도가 감소하면 물은 삼투압에 의해 다시 장점막 세포로 이동한다.

그러나 많은 영양소들은 수송체의 도움을 받아야 한다. 이를 촉진 확산이라고 한다. 영양소들이 세포막을 통과할 때 수송체의 도움을 받더라도 추진력은 역시 세포막 내외의 농도 차이다. 촉진 확산 시에는 고농도 액상에서 저농도 액상으로 영양소가 전달되므로 역시 에너지가 투입될 필요는 없다. 예를 들어 과일에서 흔히 보이는 단당류인 과당은 촉진 확산의 방식으로 흡수된다.

| 5 | 대장

소장에서 흡수되지 않은 카임의 남은 물질들은 대장 판막을 지나 대장으로 옮겨진다. 대장은 결장과 직장으로 되어 있다. 대부분의 물질들은 소장에서 흡수되나 물과 일부 비타민, 무기질은 대장에서도 흡수된다. 대장의 연동 운동은 소장보다 느려 소장에서 3~5시간이면 통과했을 카임도 대장에서는 약 24시간 정도 머무르게 된다. 이 느린 운동은 세균들이 자라기에 좋은 환경을 제공한다. 장에서 자라는 균들을 총체적으로 장내 세균총이라고 부르는데 이들 세균은 소화관에 좋은 역할을 한다. 음식의 흡수되지 않은 섬유소들을 이용하여 세균들이 이용할 수 있는 영양소를 만드는 과정에서 일부 영양소는 체내로 흡수된다. 예를 들어 장내 세균들은 소량의 지방산과 비타민 B군 중 일부 및 비타민 K 등을 합성할 수 있는데 일부는 우리 몸에 흡수된다. 세균 대사에 의해 생기는 부산물은 가스이다. 정상인의 경우 장내 가스는 하루에 200~2,000mL까지 만들어진다.

대장에서 흡수되지 못하는 물질은 노폐물로 배설된다. 대변은 소화되지 않거나 흡수되지 않은 물질들, 장내 점막의 죽은 세포들과 소화관의 분비물질, 물, 그리고 세균의 혼합체이다. 대변에 있는 세균의 양은 대변 무게의 절반 이상을 차지하며 물의 양은 섬유질과 수분 섭취량에 따라 다르다. 섬유질은 물을 흡수하는데, 적당한 섬유질과 물을 섭취하면 대변은 수분 함량이 높아서 쉽게 대장을 지나간다. 대장의 끝 부분은 직장으로 연결되어 있는데, 직장은 배변 전에 대변을 일시적으로 저장해 두는 곳이다. 직장은 항문과 연결되어 있고 항문은 소화관의 외부로 통하는 마지막 괄약근으로서 대장에서 대변을 제거하는 데 중요한 기관이다. 배변은 자율신경 조절 하에 괄약근이 이완되어 일어나며 대변이 적절한 시기에 적절한 횟수로 빠져나가는 데에는 이들 신경계와 항문, 직장의 연합운동이 중요하다.

03 대사노폐물의 제거

섬유소와 같이 신체에서 흡수되지 못하는 물질들은 소화관에서 대변으로 배설된다. 그러나 이산화탄소나 질소, 물 등 흡수된 물질의 대사과정에서 만들어지는 노폐물 역시 체외로 배설되어야 한다. 이들의 배설은 주로 폐, 피부, 신장을 통해 이루어진다.

| 1 | 폐와 피부

세포 내 호흡으로 인해 생긴 이산화탄소는 세포를 떠나 적혈구에 포획되어 폐로 이동하는데, 적혈구는 폐에서 이산화탄소를 내려놓아 숨을 내쉴 때 빠져나가게 한다. 이때 이산화탄소와 더불어 상당한 양의 물도 증발되어 같이 빠져 나간다. 일부의 물은 단백질 분해 산물과 무기질 등과 같이 피부를 통해 땀으로 배출된다.

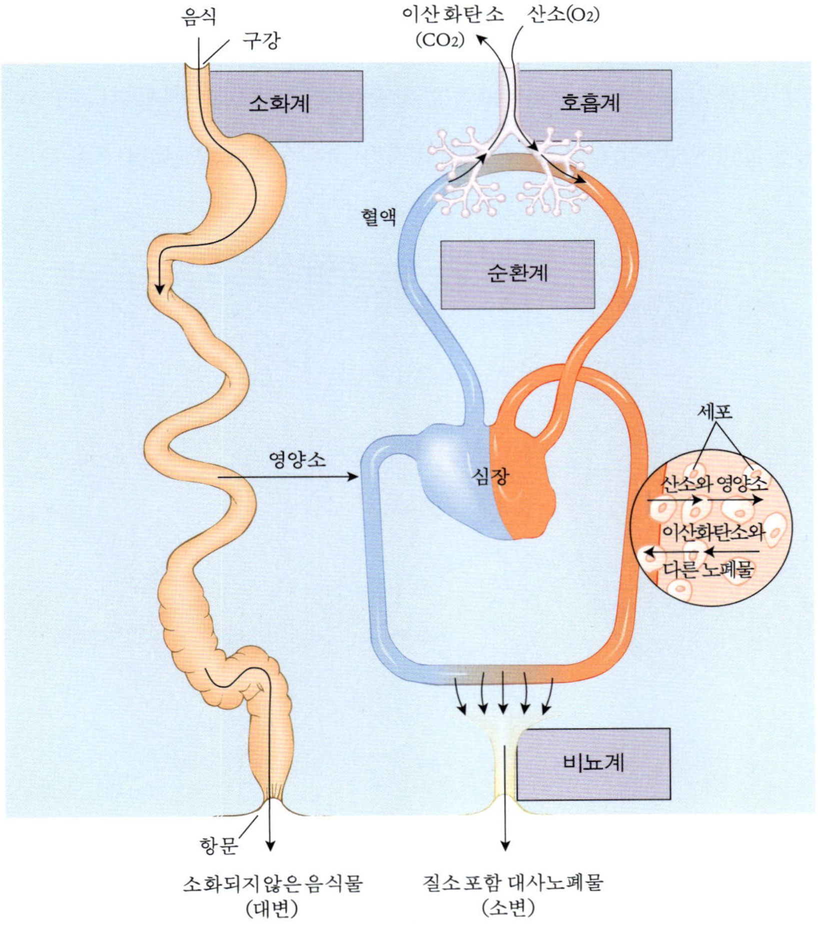

그림 5-3 음식물의 소화, 흡수, 영양소의 전달에 관여하는 기관계와 노폐물의 배설을 담당하는 기관계는 서로 연결되어 있다. 소화계는 영양소를 포집하고 호흡계는 산소를 포집한다. 이들은 곧이어 전신체의 세포로 순환계를 통해 배분되고 호흡계와 비뇨계는 체외로 대사노폐물을 전달하는 역할을 한다.

| 2 | 신장

신장은 수분과 대사 분해산물들 그리고 과도하게 섭취한 무기질을 배설하는 기능을 주로 하는 기관으로서 양쪽 신장은 각각 100만 개의 네프론으로 구성되어 있다. 네프론은 혈액이 여과되는 사구체와 혈액에서 여과되어 나온 분자들이 재흡수되는 일련의 신관들로 구성되어 있다. 혈액이 사구체를 통과하면서 대부분의 작은 용해분자들이 여과되어 나오지만 단백질과 혈구 세포들은 너무 커서 사구체에서 여과되지 않는다. 여과된 분자들 중 신체에서 필요로 하는 것은 신관을 통과하는 동안 혈액으로 재흡수 되는 반면, 신체가 필요로 하지 않는 물질은 재흡수되지 않고 수분과 함께 방광으로 들어가 소변으로 배설된다. 소변으로 배설되는 수분과 물질들의 양은 신체 수분 평형을 유지하기 위해 엄격한 조절 작용을 받는다.

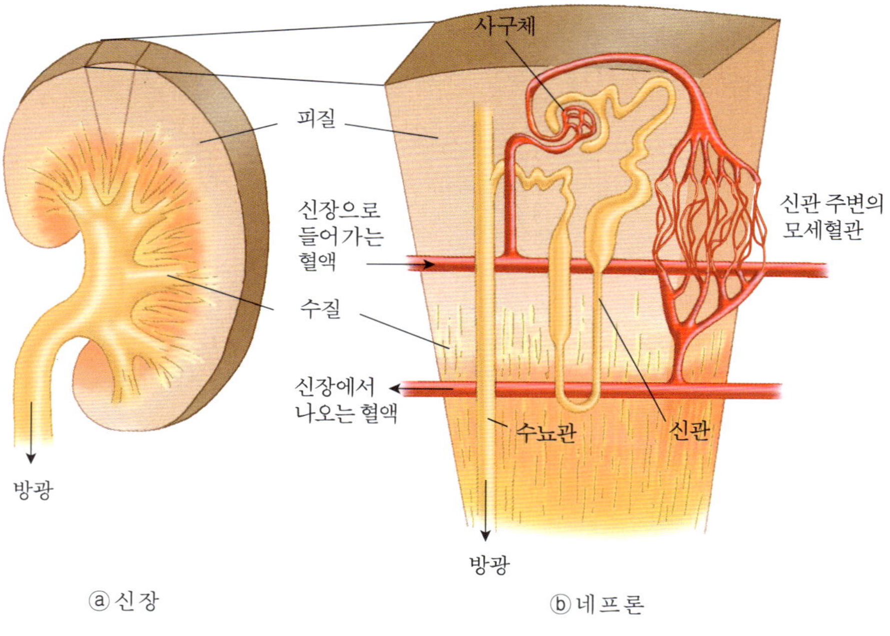

그림 5-4 ⓐ 신장의 기본 구조는 외부 피질과 내부 수질로 구성되어 있다. ⓑ 네프론에서는 혈장에 용해된 물질들이 사구체에 의해 여과되어 혈액과 분리된다. 여과액은 신관으로 들어가서 혈액으로 재흡수된다. 이때 흡수되지 않는 물질들은 방광으로 통하는 수거관으로 모여 소변으로 배설된다.

6

에너지 균형과 체중관리

Ⅰ. 에너지 균형

1. 에너지 섭취: 음식을 통한 칼로리 섭취
2. 에너지 소비: 신체가 사용하는 에너지

Ⅱ. 비만

1. 비만의 원인
2. 비만증 진단에 가장 많이 사용하는 지표
3. 비만이 건강에 미치는 영향

Ⅲ. 체중 조절

1. 효과적인 식사요법
2. 운동요법
3. 행동수정요법

01 에너지 균형

에너지 균형 이론은 에너지 섭취와 에너지 소비가 같으면 몸무게가 불변한다는 것을 나타낸다. 에너지 균형은 뚱뚱하든 야위었든 어떤 상태에서나 이루어질 수 있다. 에너지 소비에 비해 섭취가 적으면, 에너지 균형은 마이너스가 되어 체중이 감소한다. 한편 소비에 비해 에너지 섭취가 많으면, 에너지 균형은 플러스로 여분의 에너지가 몸에 저장되어 체중이 증가하게 된다.

에너지는 일할 수 있는 능력으로 정의되는데, 영양 측면에서 에너지는 열량 단위인 킬로칼로리(kcal) 또는 일의 단위인 킬로줄(kJ)로 측정된다. 유럽에서는 킬로줄이 에너지의 표준 단위이고 미국에서는 보통 킬로칼로리가 사용된다. 물 1kg을 섭씨 1℃ 올리는 데 필요한 열량을 kcal라 한다. 실질적인 의미에서 kcal는 몸에 사용되거나 방출된 에너지양을 측정하는 단위다.

| 1 | 에너지 섭취: 음식을 통한 칼로리 섭취

에너지는 음식이나 음료에서 섭취된 탄수화물, 지방질, 단백질과 같이 열량을 내는 영양소를 통해 얻는다. 체중을 감량하고자 노력하는 사람들은 음식물의 열량을 피해야 할 적으로 여긴다. 그러나 음식과 열량은 생명에 필수적인 존재이다. 엔진을 움직이기 위해 연료가 필요한 것처럼 열량은 생명을 유지하기 위해 없어서는 안 되는 꼭 필요한 요소다. 열량은 섭취한 음식량과 그 음식물의 영양소 조성에 달려 있다. 식품의 열량은 실험실에서 정확히 측정되거나, 영양소의 조성을 계산하여 추정할 수 있다.

1-1 음식물 속 에너지양 측정

식품의 열량은 실험실의 폭발열량계(bomb calorimeter)로 측정할 수 있다. 폭발열량계는 물이 담긴 관으로 둘러싸인 공간으로 이루어져 있다그림 6-1. 식품은 이 공간에서 연소되는데,

연소되는 동안 열이 방출되어 물의 온도가 올라간다. 물 1kg을 1℃ 올리는 데 필요한 열량이 1kcal라는 사실에 기초하여 음식의 열량을 계산한다.

폭발열량계 내에서는 음식의 연소로 열량을 측정할 수 있다. 그러나 몸속에서는 완벽하게 소화, 흡수, 사용되지 않기 때문에 폭발열량계에서 측정된 값은 흡수된 에너지보다 약간 높을 수 있다. 이 차이를 보정하기 위해, 소변이나 대변으로 손실되는 양을 실험을 통해 계산하였다. 폭발열량계의 값에서 이러한 에너지를 뺌으로써 유용한 에너지를 보다 정확하게 측정할 수 있다. 이를 통해 탄수화물(g당 4kcal), 지방(g당 9kcal), 단백질(g당 4kcal), 알코올(g당 7kcal)로 구성된 에너지양을 측정할 수 있다.

어떤 식품의 영양 성분을 알게 되면, 그 음식 속의 탄수화물, 지방, 단백질로부터의 전체 에너지 항목을 어림잡을 수 있다표 6-1. 비타민, 무기질, 물 등은 필수 영양소이지만 몸에 에너지를 공급하지는 않는다. 탄수화물과 단백질은 1g당 약 4kcal를 생산한다.

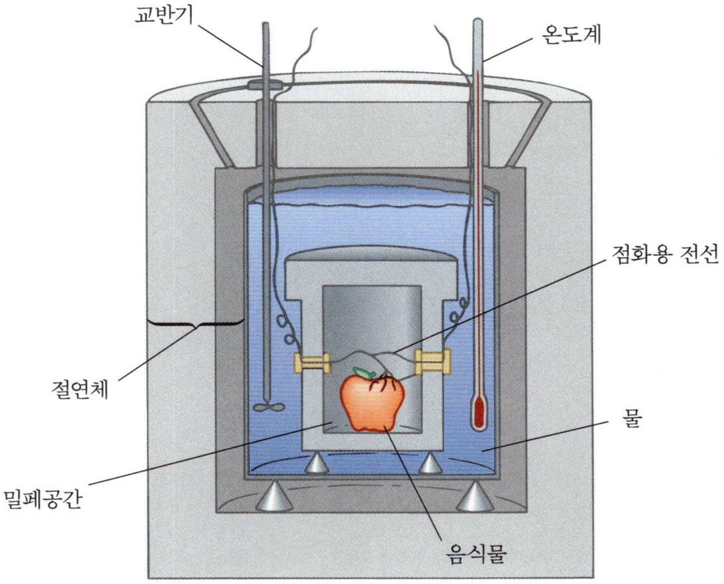

그림 6-1 건조 음식이 폭발열량계의 기관에서 연소될 때, 물의 상승온도를 측정하여 음식물의 에너지 성분을 알아본다.

표 6-1 음식 에너지 요소 측정

측정
음식물 속 탄수화물, 단백질, 지방, 알코올 함유량
각 영양소에서 발생한 에너지량 계산
탄수화물 g × 4 kcal/g = 탄수화물 kcal 단백질 g × 4 kcal/g = 단백질 kcal 지방 g × 9 kcal/g = 지방 kcal 알코올 g × 7 kcal/g = 알코올 kcal
총 에너지 계산
총 칼로리 = (탄수화물 kcal) + (단백질 kcal) + (지방 kcal) + (알코올 kcal)
예
마카로니와 치즈 1/2컵(100g)에는 단백질 8g, 탄수화물 20g, 지방 11g이 들어 있다. 탄수화물 20g × 4kcal/g = 80kcal 단백질 8g × 4kcal/g = 32kcal 지방 11g × 9kcal/g = 99kcal 총 = 80kcal + 32kcal + 99kcal = 211kcal

| 2 | 에너지 소비: 신체가 사용하는 에너지

사람이 하루 동안 필요로 하는 에너지를 알기 위해서는 신체의 모든 기관이 활동할 때 발생하는 열량을 측정해야 한다. 몸 안에서 소비되는 에너지는 기초대사(휴식대사), 활동대사, 식이성 발열효과로 나뉜다. 즉,

하루에 필요한 총 에너지 소비량 = 기초대사량 + 활동대사량 + 식이성 발열효과

2-1 기초대사량(휴식대사량)

오직 생명을 유지하는 데 필요한 에너지를 말하며, 편안한 상태에서 측정한다. 심장박동, 호흡, 체온 유지 등에 쓰이는 에너지의 양이 바로 기초대사량이다. 기초대사량은 총 칼로리의 60~70%를 차지한다.

2-2 활동대사량

육체적 신체 활동에 필요한 에너지를 말하며, 활동 정도에 따라 다르지만 보통 총 칼로리의 15~30%를 차지한다. 그러나 신체의 활동량이 많은 일부 노동자 또는 운동선수의 경우에는 기초대사량의 2배 이상을 활동에너지로 소비하므로, 운동선수나 육체노동에 종사하는 사람들은 칼로리가 높은 음식을 섭취해야 한다.

2-3 식이성 발열효과

몸속에 들어온 영양소들이 소화, 흡수, 배설 등의 대사에 이용될 때 필요한 에너지를 말하며, 음식섭취 시 몸에서 땀이 나거나 열이 나는 것은 이 에너지의 소비 때문이며, 섭취된 영양소의 종류와 양에 따라 소모되는 에너지도 다르다. 예를 들어, 질소가 들어 있는 고기를 먹을 때는 밥을 먹을 때보다 더 복잡한 대사 과정을 거치기 때문에 에너지의 소비가 5배 정도 많다. 그러나 평균적으로 식품을 이용하는 데 드는 에너지 소모량을 총 칼로리의 10% 정도로 간주한다.

02 비만

| 1 | 비만의 원인

비만의 원인은 사람마다 다르다. 음식을 많이 먹어서 뚱뚱해지는 경우도 있고, 몸을 잘 움직이지 않아서 뚱뚱해지는 경우도 있지만, 결과적으로 섭취한 칼로리보다 소모한 칼로리가 적은 결과 비만이 발생한다. 그러나 칼로리의 섭취량과 소모량이 정상인데 칼로리의 대사에 이상이 생겨서 비만이 되는 경우도 있다. 일반적으로 부모 양쪽이 비만, 한쪽만 비만, 혹은 양쪽 모두 정상일 때 아이들이 비만일 확률은 80%, 40%, 17%이다. 또한, 일란성 쌍생아는 다른 환경에서 자라도 체중 증가의 형태나 체지방의 분포가 비슷하다.

그림 6-2 부모로부터 물려받은 유전자들은 몸의 크기와 체형에 중요한 결정 요인이다. 우리 중 어떤 사람들은 키가 크고 날씬한 신체를 물려받고, 또 다른 사람들은 뚱뚱한 체형과 체중이 늘어나는 경향을 물려받는다.

부모가 비만일 때 자식도 비만일 확률이 높은 것은 같이 살면서 식습관과 생활방식이 닮아가기 때문이다. 비만은 유전적인 원인과 환경적인 원인이 절충되어 있다. 즉, 체지방의 최저치는 유전적으로 타고 나지만, 최대치는 환경적 요인에 의해 가변적이므로 많이 먹고 적게 움직이는 식습관과 행동습관이 비만을 유도하는 것이다.

| 2 | 비만증 진단에 가장 많이 사용되는 지표

2-1 비만지수

실제체중과 표준체중과의 차를 표준체중과 비교한 백분율로 나타내며, 20% 이상이면 비만으로 판정한다.

비만지수 = (실제체중 − 표준체중)/표준체중 × 100

2-2 체질량지수(BMI)

체내 지방의 양을 잘 나타내주는 간편하고 믿을 만한 비만 판정의 지표로서, 체질량지수를 이용하여 18.5~22.9는 정상으로, 23~24.9는 체중과다, 25 이상은 비만으로 간주한다.

$$체질량 = 체중(kg)/신장의\ 제곱(m^2) \times 100$$

| 3 | 비만이 건강에 미치는 영향

비만은 용모에 대한 열등감을 주어 정신적, 심리적으로 스트레스를 받게 한다. 또한 복부에 있는 장기 주변에 저장된 내장지방이 많은 사과 형태(보통 남성형)의 체형을 가진 사람이 허리 아래의 둔부와 허벅지 등의 피하지방이 많은 서양배 형태(보통 여성형)의 체형을 가진 사람보다 심근경색증, 고혈압, 당뇨병, 고지혈증, 간 기능 이상이 유발될 확률이 더 높게 나타난

그림 6-3 ⓐ 사과 형태 체형의 과체중자들은 복부에 지방이 축적되고 심장질환과 당뇨병 발병률의 위험이 높다. ⓑ 배 모양 체형의 과체중자들은 주로 피하인 둔부와 허벅지에 지방이 축적된다.

다. 더불어, 아동과 청소년 비만은 성인이 되어서도 계속 비만상태가 지속될 가능성이 높아서 더욱 심각하다.

03 체중 조절

체중을 줄이는 것은 개인마다 다를 수 있지만 보편적으로 갑자기 지나치게 체중을 감량하는 것보다는 일주일에 0.5~1.0kg 정도의 범위로 줄이는 것이 바람직하다. 이때 식사요법, 행동수정요법, 운동요법을 같이 하면 효과가 있다.

| 1 | 효과적인 식사요법

- 총 열량을 줄인다. 하루에 500kcal씩 열량 섭취를 줄이면 한 달에 2kg 정도의 체중 감량효과를 볼 수 있다.
- 필요한 열량 내에서 식품을 골고루 섭취해야 한다.
- 급격한 체중 감소보다는 꾸준한 식사 조절이 중요하다.
- 간식이나 야식을 먹는 습관을 버린다.
- 가공식품보다는 신선한 식품을 이용하고 기름이 많이 들어가는 조리법은 피한다.
- 설탕, 꿀, 사탕, 탄산음료, 케이크, 초콜릿 등의 섭취를 줄이고 현미, 통밀 등 섬유소가 많은 곡류를 이용한다.
- 채소, 해조류, 콩과식물은 열량이 적으면서 비타민, 무기질, 섬유소를 공급하므로 충분히 섭취한다.

표 6-2 체중감량을 위한 식단의 예(열량 1,172 kcal, 단백질 60.2g, 당질154.3g, 지방 35g)

구분	메뉴명	재료명	중량(g)	단위수
아침	흰밥	쌀	40	곡류군 1.3 어육류군(저) 1 채소군 2.5 지방군 1
	콩나물국	콩나물	20	
		대파	5	
	쇠고기채소말이조림	쇠고기	40	
		시금치	25	
		당근	25	
		식용유	3	
	고사리나물	고사리	50	
		참기름	2	
	포기김치	포기김치	50	
점심	보리밥	쌀	40	곡류군 1.8 어육류군(저) 1 어육류군(중) 1 채소군 1.7 지방군 0.8
		보리	15	
	냉이된장국	냉이	20	
		된장	10	
	돈육풋마늘볶음	돼지고기	40	
		풋마늘	30	
		양파	10	
		식용유	3	
	연두부찜	연두부	150	
		양념간장	5	
		참기름	1	
	동치미	동치미	70	
간식	두유	두유	200	우유군 1
저녁	현미밥	쌀	40	곡류군 1.8 어육류군(저) 1.5 채소군 2.2 지방군 0.6
		현민	15	
	시금치된장국	시금치	20	
		된장	10	
	닭안심불고기	닭안심	40	
		참기름	4	
	무미나리나물	무	50	
		미나리	20	
		참기름	1	
	포기김치	포기김치	50	
간식	오렌지	오렌지	100	과일군 0.8

출처: 월드짐스포츠센터 개인 트레이너 김성용

| 2 | 운동요법

- 체지방의 감소를 위해 걷기, 수영, 자전거타기, 달리기 등과 같이 일정 시간 지속할 수 있는 '유산소 운동'을 1회 30분 이상, 일주일에 3~5일 정도 하는 것이 바람직하다.
- 감소된 체지방으로 인한 피부조직의 늘어짐을 방지하기 위해 웨이트 트레이닝 같은 '무산소운동(근력운동)'을 1회 30분 이상, 일주일에 3회 정도 하는 것이 바람직하다. 또한, 근육은 체중감량으로 인해 신진대사율이 떨어지는 것을 막아 준다.
- 무엇보다도 최소 3달 이상 꾸준히 지속하는 것이 중요하다.

| 3 | 행동수정요법

- 텔레비전을 보면서 먹는 습관 없애기
- 음식을 천천히(10번 정도 씹어 삼키기) 먹는 습관 기르기
- 용기나 봉지에 든 음식은 반드시 그릇이나 컵 등의 식기에 1인 분량씩 옮겨 담아서 먹기
- 허기지지 않게 끼니 굶지 않기(특히 아침식사를 꼭 할 것)
- 가까운 거리는 걸어 다니기
- 밤 10시 이후에는 먹지 않기

7

흡연

01 담배의 역사

담배는 아메리카 대륙 인디언들이 종교의식으로 또는 질병의 치료를 위해 사용했었다고 한다. 1492년 스페인의 콜럼버스가 처음 탐험한 아메리카 대륙에서 담배를 선물로 받아 귀국한 후 이를 만병통치약으로 소개한 것이 계기가 되어 유럽 전역의 상류층을 대상으로 널리 퍼지게 되었다. 우리나라에는 100년 후인 1590년 임진왜란 때 일본군에 의하여 처음 소개되었으며, 그 이후 1602년경 광해군 초에 담배씨를 일본에서 도입 재배하기 시작함으로써 퍼지기 시작한 것으로 알려지고 있다. 유럽과 미국의 경우, 1900년도부터 흡연율이 급격하게 증가하기 시작하여 1940~1950년대에 이르러서는 흡연율이 최고조에 달하였다. 우리나라에서는 담배가 도입된 초기에는 양반계급으로부터 퍼졌는데, 급속히 대중화되어 1980년대에는 20세 이상 성인남자 흡연율이 79.3%로 최고조에 달했으며 1990년대 중반까지는 70% 정도로 세계 최고 흡연율을 유지했다. 1999년 현재 64.9%로 흡연율이 떨어졌다고 하지만 여전히 세계 최고 수준이다. 우리나라는 1970년대까지만 해도 청소년과 여성흡연에 대한 사회적 금기 문화 때문에 이들의 흡연율이 높지 않았지만, 1980년대부터는 그러한 사회적 금기가 무너지면서 청소년과 여성 흡연율이 급증하였고, 현재는 청소년 흡연율도 선진국의 2배 정도나 되는 세계 최고 수준의 흡연율을 보이고 있다.

그림 7-1 보물 527호로 지정된 단원 김홍도의 〈담배썰기〉 풍속화의 일부분

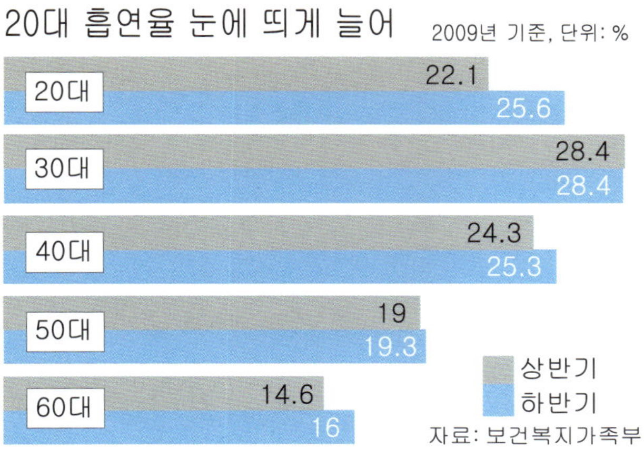

그림 7-2 20대 흡연율

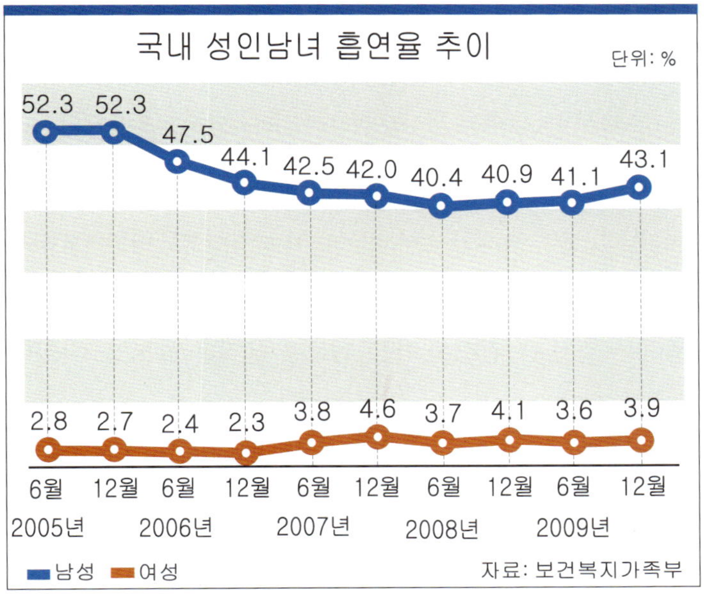

그림 7-3 국내 성인 남녀 흡연율 추이

02 담배의 유해성분

담배는 약 4,000여 종이나 되는 발암물질과 독성 화학물질이 들어 있는 것으로 밝혀졌는데(Dube and Green, 1982), 이중 20여 종이 A급 발암물질이다. 그 성분에는 일산화탄소(carbon monoxide, CO; 연탄가스 주성분, 자동차 배기가스 중에 있는 독성가스), 아세톤(acetone; 페인트 제거제), 포름알데히드(formaldehyde; 매운맛, 최루탄에 사용), 나프틸아민(naphthylamine; 방부제), 메탄올(methanol; 로켓원료), 피렌(pyrene), 디메틸니트로사민(dimethylnitrosamine; 발암물질), 나프탈렌(naphthalene; 좀약), 니코틴(nicotine; 살충제, 제초제, 마약), 카드뮴(cadmium; 자동차 배터리에 사용), 벤조피렌(benzopyrene; 강력한 발암물질), 염화비닐(vinyl chloride; PVC 원료), 시안화수소(hydrogen cyanide; 일명 청산가리, 사형가스실에서 사용되는 독극물), 톨루이딘(toluidine), 암모니아(ammonia), 우레탄(urethane; 산업용 용제), 비소(arsenic; 흰개미 독), 디벤즈아크리딘(dibenzacridine), 페놀(Phenol; 석탄산, 소독제), 부탄(butane; 라이터의 원료), 폴로늄-210(polonium-210; 방사선), 디디티(DDT; 살충제), 타르(tar) 등이 있다.

이중 흡연 시 발생하는 물질 중 건강에 가장 해로운 물질은 타르, 일산화탄소, 니코틴 이들 세 가지 성분이라 할 수 있다.

| 1 | 타르

타르는 담배연기를 통해 폐로 들어가서 혈액에 스며들어 우리 몸의 모든 세포, 모든 장기에 피해를 주기도 하고, 잇몸, 기관지 등에는 직접 작용하여 표피세포 등을 파괴하거나 만성 염증을 일으키기도 한다. 담배 한 개비를 피울 때 흡입되는 타르의 양은 대개 10mg 이내로 한 사람이 하루에 한 갑씩 담배를 피울 때 1년 간 모이는 타르의 양은 보통 유리컵 하나에 꽉 찰 정도로 많다.

| 2 | 일산화탄소

일산화탄소는 무연탄 냄새로 이미 우리에게 잘 알려진 물질이다. 담배를 피우는 것은 마치 적은 양의 무연탄 냄새를 지속적으로 맡고 있는 것과 같으며, 일산화탄소는 혈액의 산소 운반 능력을 감퇴시켜 만성 저산소증을 일으키는데, 이는 신진대사에 장애를 주고 조기 노화 현상을 일으킨다.

| 3 | 니코틴

니코틴은 담배의 습관성 중독을 일으키는 마약성 물질로 담배 한 개비에는 10mg 정도의 니코틴이 들어 있는데, 이중 흡수되는 니코틴 양은 1mg 정도이나 흡연 형태에 따라 3mg을 넘을 수도 있다. 니코틴은 빠르게 동맥 내 혈류 속으로 흐르면서 심장을 거쳐 뇌로 운반되는데, 담배를 피우고 니코틴이 뇌에 도달하는 데 걸리는 시간은 7초 정도이다. 아편과 거의 같은 수준의 습관성 중독을 일으키기 때문에 약학적으로는 마약으로 분류되는데, 담배를 일단 피우기 시작하면 매 30~40분에 한 대씩 피워야만 하는 이유가 바로 이 니코틴 때문이다. 흡연의 만성중독증은 니코틴의 약리작용에 의해 초래되며, 습관성 및 금단현상을 일으킨다. 흡연을 계속하게 되면 흡연 시 니코틴에 대한 내성이 생기고, 금연을 하게 되면 니코틴의 금단현상이 나타나 육체적, 정신적으로 괴롭게 되어 담배를 계속 찾게 된다. 이러한 의존성, 내성 및 금단현상은 습관성 약물 중독현상의 대표적인 증상으로 금연 시 나타나는 금단현상은 정도의 차이는 있을지라도 누구에게나 나타나서 정신적 의지력만으로 금연을 실행하는 것이 힘들게 된다. 하루 4개비 이상의 흡연을 하는 사람들 중 85~90%는 정기적인 흡연자가 된다고 한다. 따라서 담배에 한번 맛을 들이게 되면 쉽게 중독이 되고, 일단 중독이 되면 장기 흡연자가 되어 폐암 등 각종 질병으로 죽음을 맞이하게 된다. 최근 세계은행이 발표한 자료에 따르면, 많은 흡연자가 금연을 시도하지만 성공률은 지극히 낮으며 금연클리닉의 도움 없이 금연을 한 사람의 98%가 1년 안에 다시 흡연을 시작한다고 한다. 그리고 흡연자는 평균 수명이 20~25년이 감소되며 흡연자의 절반이 한창 일할 중년의 나이에 사망한다고 한다.

03 흡연의 피해

| 1 | 흡연과 사망률

WHO 보고서에 의하면, 세계는 1999년 현재 흡연인구가 10억 이상이며, 담배로 인한 사망자가 연간 4백만 명에 달하는 것으로 추산하고 있다. 흡연율이 현재와 같이 계속될 경우 흡연 관련 사망자 수는 2030년까지 1천만 명이 될 것으로 추산하고 있으며, 그중 70%가 아시아 국가들에서 일어날 것이라고 한다. 이 수치는 현재 성인 10명당 1명이 흡연으로 사망하는 것이며, 2030년경에는 6명당 1명이 되는 것이다. 미국에서는 1993년 현재 약 4십2만5천 명(연간 총 사망자의 20%)이 흡연 관련 사망으로 밝혀졌으며, 이 수치는 미국에서 단일 사망률중 최고로 기록되었다. 즉 담배가 알코올, 불법약물, 폭력, 자동차 사고, 에이즈 사망자보다도 훨씬 더 높은 사망 원인이 되었다. 흡연으로 인한 사망이 가장 많고, 그중 폐암이 단연 으뜸인데, 1995년 한 해 모든 암 사망자의 1/3에 달하는 약 17만 명이 담배로 인한 사망자이고, 폐암 사망의 경우 87%가 흡연으로 인한 것으로 밝혀졌다. 우리나라는 해방 이후 지난 50년 간 인구수가 약 1.5배 증가하였으나 담배 소비량은 1996년까지 약 8.4배 증가하였다. 우리나라의 1999년 현재 흡연 인구는 약 1,240만 명이고, 성인남자의 흡연율은 64.9%로 세계 최고, 고등학교 3년생의 흡연율도 41.6%로 세계 최고이다(대한결핵협회와 한국갤럽연구소 조사). WHO가 1997년에 조사한 각국의 흡연율과 비교해 봐도 우리나라 성인남자 흡연율이 68.2%로 세계 최고임이 밝혀졌다.

질병별 사망추세도 암 사망이 전체 사망의 20%를 넘어섰고, 특히 폐암 사망의 증가는 다른 어떤 암보다 크게 앞선 지난 10년 사이 무려 90% 급증하고 있다(통계청, 1998년). 이는 담배 소비량의 증가와 폐암 간에 밀접한 관계가 있다는 것을 보여주고 있는 수치라 할 것이다. 우리나라도 흡연에 기인하는 사망자 수가 연간 3만5천 명에 이른다고 보건복지부가 밝히고 있다.

| 2 | 청소년과 흡연

청소년의 경우 세포, 조직, 그리고 장기는 성숙하는 과정에 있기 때문에 담배의 독성물질 또는 화학물질과 접촉하는 경우 그 손상 정도가 성숙한 세포나 조직에 비해 더욱 커진다. 16세 이하에서 담배를 피우는 경우 그 피해는 20세 이후에 담배를 시작하는 경우보다 피해 정도가 3배 더 높다고 한다. 조사에 의하면, 20세 이후에 담배를 시작한 사람들의 폐암 사망률은 담배를 피우지 않는 사람에 비해 9배 높은데, 16세 이하에서 담배를 피우기 시작한 사람은 27배나 높은 것으로 나타난다.

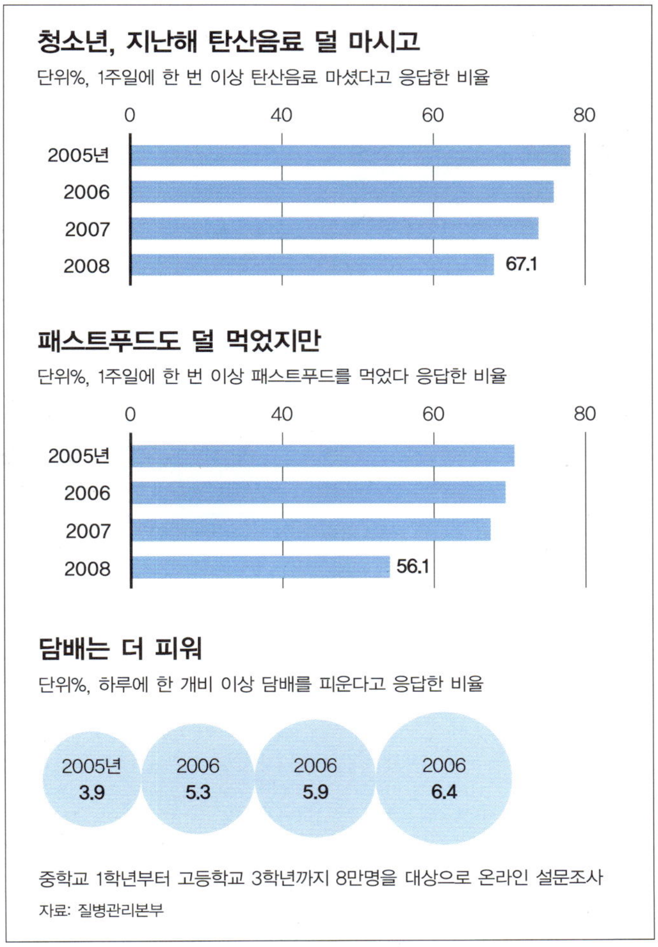

그림 7-4 청소년의 흡연율 추이

| 3 | 흡연과 질병

흡연은 폐암, 구강암, 인두암, 췌장암, 자궁경부암, 후두암, 방광암, 신장암 등 여덟 가지의 암과 폐결핵, 폐렴, 독감, 기관지염, 폐기종, 천식, 만성기도장애와 같은 호흡기질환, 류머티스성 심장질환, 고혈압, 폐성 심장질환, 뇌혈관질환, 동맥경화, 대동맥류와 같은 심혈관질환을 일으키며, 체중미달아, 신생아호흡장애증후군, 신생아돌연사증후군 등 소아질환도 유발한다.

그림 7-5 폐암 사진

그림 7-6 담배 포장지에 고려중인 경고용 그림

| 4 | 흡연과 임산부

흡연 여성의 임신 성공률은 비흡연자보다 30% 낮다. 즉, 흡연자가 임신하는 데 1년 이상 걸릴 확률은 비흡연자보다 3.4배나 높다는 것으로서 이는 흡연으로 의한 난자의 손상, 혈중 호르몬의 이상 그리고 나팔관 기능의 이상으로 인한 결과이다.

임산부 흡연 시 유산 가능성은 비흡연자보다 1.7배 높으며 주산기 사망도 2.16배나 높다고 한다. 또한 임신한 여성의 흡연은 태반박리, 전치태반, 임신 중 자궁출혈, 조기 양수파열 등의 위험을 야기한다. 그리고 여성의 수정 능력에도 영향을 미치는데, 한 연구에 따르면 피임약을 복용하는 여성 중 담배를 피우는 여성은 피임약을 중단한 후에도 불임일 확률이 비흡연자에 비해 2배나 된다고 한다. 또한 흡연하는 여성은 비흡연자에 비해 자궁외임신이 2.2~4배까지 높게 나타났는데, 이 자궁외임신은 조기 진단하지 않으면 산모가 사망할 수 있는 심각한 질환이다. 또한, 임신 중 가장 많이 발생하는 조기 태반박리가 진행될 위험은 보통 흡연자들은 25%, 골초들은 90% 더 자주 일어나게 된다. 게다가 임산부의 흡연은 니코틴이 카테콜아

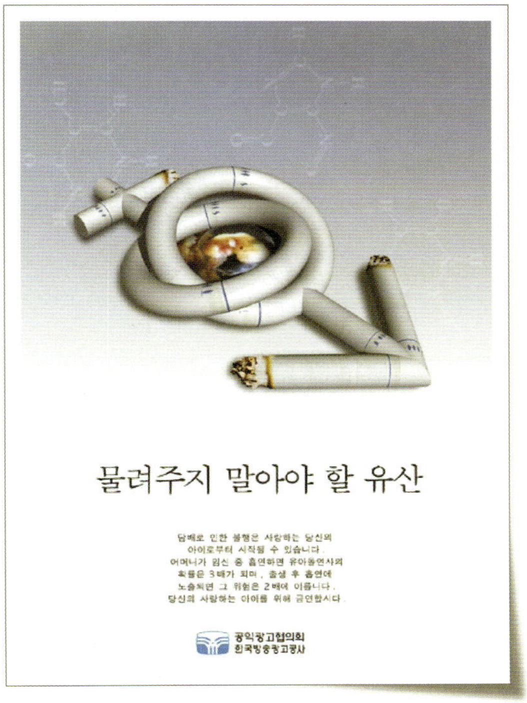

그림 7-7 금연 광고 포스터 (출처 : 공익광고협의회)

민(catecholamine)이라는 호르몬을 분비시켜 교감신경을 자극하기 때문에 혈관수축을 일으키게 한다. 이로 인해 충분한 피(영양)가 태아에 미치지 못하기 되므로 태아가 영양실조에 걸리게 될 뿐 아니라 산소 부족 현상을 일으키고 혈관 내막 기능을 약화시킴으로써 결국 미숙아가 태어난다는 여러 연구(조사)사례가 있다.

04 흡연과 여성

| 1 | 여성의 외적인 신체 영향

1-1 주름살

흡연은 나이에 비해 지나치게 많은 주름살이 생기는 조기 피부노화를 가져온다. 이는 담뱃진의 찌꺼기가 모세혈관 내의 혈액순환을 방해하기 때문에 생기는 현상이다. 40~49세의 흡연자들은 담배를 피우지 않는 사람들보다 20년 정도 더 늙어 보일 정도로 주름살이 많다. 또한 여성 흡연자들은 대개 윗입술에 잔주름이 많은데, 이는 담배를 물기 위해 계속 입술 근육 운동을 하기 때문이다.

1-2 피부색

흡연은 피부색도 변화시킨다. 이는 흡연할 때 생기는 일산화탄소가 헤모글로빈과 결합하여 산소의 결핍을 초래하게 되고, 그로 인해 조직으로의 영양소 운반 기능이 떨어져 세포의 대사 작용이 원활하게 이루어지지 못하기 때문이다. 담배는 피부색을 누르스름하게 만들 뿐 아니라 성적으로 흥분했을 때 보이는 홍조도 나타나지 않게 만든다.

1-3 성형 수술

담배를 피우는 사람은 피부의 기능이 떨어져 있으므로 비흡연자보다 성형 수술에서 기대하는 효과를 거두기 어렵다. 담뱃진의 찌꺼기가 혈관벽의 변화를 가져오고, 혈소판의 응집력을 크게 하여 혈류의 흐름을 방해함으로써 흉터가 크게 남을 수 있기 때문이다.

1-4 치아 색

흡연자는 예외 없이 치아가 누렇게 변한다. 젊은 사람은 그래도 한동안 본래의 치아 색을 유지할 수 있을지 모르지만, 결국 변색을 피할 수 없다.

1-5 잇몸 질환

흡연자는 담배를 피우지 않는 사람에 비해서 잇몸질환에 걸릴 확률이 4~5배나 더 크며 또한, 비흡연자보다 치아가 잘 빠진다. 미국에서 실시된 한 조사에 따르면, 흡연자의 경우 잇몸과 기본 턱 골격이 자기 연령보다 약 15년 정도는 노화된 상태였다고 한다. 골다공증이 있는 여성들 가운데에서도 흡연 여성은 비흡연 여성에 비해 이가 많이 빠진 것으로 나타났다.

1-6 다이어트의 적

흡연이 일시적으로 체중을 줄이는 효과가 있는 것은 사실이지만, 장기적으로는 건강에 해로운 복부형 비만을 초래한다. 흡연이 복부형 비만을 일으키는 원인이 아직 확실하게 밝혀진 것은 아니지만, 담배에 들어 있는 니코틴이 교감신경과 비슷한 관계로 체내 지방을 팔다리에

그림 7-8 여성의 금연 홍보 포스터 (출처 : 보건복지가족부)

서 배로 옮기는 데 일조를 했을 것으로 보인다. 최근 499명의 여성을 대상으로 한 연구에서, 흡연 여성일수록 복부형 비만이 증가한다는 사실이 확인되었다. 배가 나온 사람은 그렇지 않은 사람보다 고혈압이나 당뇨병 등의 성인병에 걸릴 확률이 높아진다.

| 2 | 흡연과 여성의 우울증

1999년 「Archives of General Psychology」라는 학술지에는 독신이면서 아이가 없고, 담배를 피우며, 생리 전 증상을 가지고 있는 여성이 그렇지 않은 여성에 비해 우울증에 더욱 시달린다는 연구 결과가 실렸다. 또한 여기에는 우울증이 있는 여성이 흡연할 경우, 암이나 기타 질병들과 싸우는 면역 기능이 약화된다는 연구 결과도 있었다. 우울한 상태의 흡연자는 비흡연자에 비해 자연 억제(natural killer, NK) 세포가 감소되는데, 자연 억제 세포는 암을 일으키는 세포를 파괴시키는 중요한 세포로 알려진 것이다.

보스턴 지역에 거주하는 36~44세 여성 4,161명을 대상으로 한 이 연구에 따르면, 남편 없이 살거나 이혼한 경우, 별거하는 경우에 우울증을 호소하는 경우가 2배 이상 높았고, 비흡연자에 비해 흡연자에서도 2배 이상 높은 것으로 나타났다. 뿐만 아니라 흡연은 과거의 우울증이나 기억력 감퇴와도 관련이 있는 것으로 밝혀졌다.

05 간접흡연의 피해

직접흡연은 흡연자가 자신의 의지로 직접 담배를 피우는 것이고, 간접흡연은 직접흡연을 하는 흡연자 옆에서 함께 담배연기를 마시는 것이다. 담배 연기는 주류연(mainstream smoke)과 부류연(sidestream smoke)으로 구성되어 있다. 주류연은 흡연자가 들이마신 후 내뿜는 연기이고, 부류연은 타고 있는 담배 끝에서 나오는 생담배연기를 말한다. 간접흡연은 부류연이

85%, 주류연이 15%를 차지한다. 부류연은 독성화학물질의 농도가 주류연보다 높고 담배연기 입자가 더 작아서 폐의 더 깊은 부분에 영향을 미칠 수 있다.

실제로 주류연과 부류연을 분석해 보면 모든 연기 내 독성 성분이 부류연에 2~3배 정도 더 많았다. 일산화탄소는 8배, 암모니아는 73배, 디메틸니트로소아민은 52배, 메틸나프탈렌은 28배, 아닐린은 30배, 나프탈아민은 39배나 더 많다. 담배연기에 민감한 사람의 경우 69%가 담배연기로 인해 안구자극 증상을 나타내고, 29%가 코 증상, 32%가 두통, 25%가 기침을 한다.

직접흡연보다 간접흡연이 더 안 좋은 이유는 다양하지만 통상적으로 흡연자는 필터를 거른 연기를 마시고 비흡연자는 필터를 거르지 않은 즉, 담배 자체에서 타는 연기를 마시기 때문이라고 알려져 있다. 또한 실제로 흡연자 옆이나 같은 방에 있던 비흡연자가 지속적으로 담배연기를 마시다가 폐암에 걸리는 경우도 많다. 즉, 흡연하는 배우자를 가진 사람은 폐암 발생률 30%, 심장병 발생률 40%가 더 높으며, 부모가 흡연하는 가정의 어린이는 천식, 중이염 등의 발생률이 6배나 더 높다.

담배를 피우는 부모를 가진 어린이와 그렇지 않은 어린이의 상기도염 감염률에 대한 조사에 의하면 아버지가 담배를 피우는 집의 어린이는 급성 호흡기질환 감염률이 5.7배나 높으며, 폐암 발생률도 2배나 높다고 하였다. 이 외에 천식, 기침, 중이염 등의 발현율도 부모가 담배를 피우는 어린이에게서 6배나 높으며, 폐 기능은 전반적으로 낮아지고 있다고 한다. 특히 어린이의 나이가 어리면 어릴수록 피해는 더욱 큰 것으로 나타났다.

1967년 미국의 덴버에서 가메론 박사는 1,000세대를 조사하여 양친 중 한 사람이나 두 사람이 흡연을 하는 가정에서는 급성 호흡기질환인 감기나 기관지염에 걸리는 자녀가 많았다고 보고했으며, 1969년에는 흡연량이 많은 가정일수록 병에 걸릴 확률이 높으며 특히 어린이가 공기오염에 민감하다고 보고했다.

또한 영국의 그레이 박사의 조사결과에 의하면 양친이 비흡연자인 가정의 자녀가 생후 1년 간 폐염이나 기관지염에 걸리는 비율이 1이라 한다면 부모 중 한쪽만 흡연한 가정은 1.46배, 양친 모두 흡연한 가정은 2.26배로 높게 나타났다.

하버드 의과대학과 보스턴 소재 베스이스라엘 종합병원 연구진들이 5년 간에 걸친 임상연구를 한 결과 담배를 피우는 어머니의 아이는 흡연하지 않는 어머니의 아이들보다 폐발육이 늦어지는 등 폐의 기능에 큰 지장을 받고 있는 것으로 밝혀졌다. 1,156명의 어린이들을 어머니의 흡연 여부에 따라 조사한 결과, 어머니의 흡연이 아이들에게 직접적인 피해를 입힌다는 여러 결과가 나왔으며, 어린이들이 어머니와 생활하는 시간이 아버지보다 훨씬 길므로 아버지의 흡연보다 어머니의 흡연이 더 치명적인 것으로 나타났다.

06 금연과 체중증가와의 관계

금연을 하면 체중이 증가할까봐 끊지 못한다는 사람들이 많다. 일반적으로 흡연자는 비흡연자에 비해 그 체중이 평균 2~3kg 정도 적다. 반면에 흡연을 중지하면 체중이 그만큼 증가하는 것이 연구결과로도 그렇고 실제 경험으로도 잘 알려져 있다. 흡연자의 체중이 감소되는 것은 흡연하면 식욕이 감퇴되기 때문이라고 생각하는 사람들이 많으나 그러한 이유보다는 저산소증에 의한 신진대사장애의 결과이다. 금연한 사람의 약 1/3은 체중이 증가하고 1/3은 운동과 식사요법으로 조절되어 체중에 변화가 없고 약 1/3은 도리어 체중이 줄어든다. 금연으로 다소 체중이 증가하여 오는 손해보다 금연은 훨씬 건강에 좋다.

8

알코올

인류 문명 이래 거의 모든 사회는 여러 종류의 알코올 음료를 생산하고 섭취했다. 이 흥분성 음료는 종교의식, 사회적 전통, 심지어 의학 처방의 한 부분이었다. B.C. 2100년 수메르인의 점토판에는 맥주에 대한 의사의 처방이 기록되어 있고, 고대 이집트에서는 맥주와 와인 모두 내과 치료의 일부로 처방되었다. 오늘날 사람들은 이 음료를 마심으로써 얻어지는 이완효과를 즐기는 반면, 종교적, 문화적, 인간적, 의료적인 용도는 축소되었다. 알코올 섭취의 위험과 이익은 누가 술을 어떻게, 얼마나 마시는지에 달려 있다. 일부에서는 적당한 알코올의 섭취가 건강에 유익한 점을 제공한다고 하지만 지나친 알코올 섭취는 음주자와 그들의 가정에 의학적, 사회적으로 부정적인 결과를 가져오고 있다. 이는 알코올이 영양소의 섭취를 줄여, 저장, 이동, 활성화 등 물질대사에 영향을 주고 간 조직을 손상시키는 독성 물질을 생성한다는 사실로써 설명될 수 있다.

01 알코올 음료에는 무엇이 들어 있나?

화학적으로 수산기(−OH)를 포함하는 모든 분자는 알코올이다. 사실상, 우리의 음식과 우리 몸에서 알코올로 분류되어 있는 많은 분자들은 곡물 알코올인 에탄올이다. 또한, 어떤 음료수에는 에탄올이 함유되어 있다 그림 8-1.

대부분의 알코올 음료 심지어 맥주, 와인, 진토닉조차도 물과 알코올 그리고 많은 양의 당류로 구성된 반면 다른 영양소, 즉 단백질, 비타민, 무기질은 거의 없다. 탄수화물과 알코올류는 이러한 음료에서 열량을 제공하는 것이다. 평균적으로 맥주 340mL와 와인 140mL, 증류주 42mL에는 대략 90kcal(7kcal/g) 정도인 12~14g의 알코올이 함유되어 있다. 탄수화물에 의한 에너지의 양은 음료의 종류에 따라 결정된다 표 8-1.

그림 8-1 에탄올은 작은 수용성 분자이다. 현재 모든 알코올 음료가 이러한 유형이다.

표 8-1 알코올 음료에 들어 있는 열량, 탄수화물, 알코올

음료 종류	중량(g)	열량(kcal)	탄수화물(g)	알코올(g)
롱아일랜드 아이스티	198	170	24.3	17.8
진토닉	284	114	10.5	10.7
소주	360	630	14.0	90.0
맥주	340	146	13.2	12.8
라이트맥주	340	100	4.6	11.3
화이트와인	142	100	1.2	13.7
레드와인	142	106	2.5	13.7
버번, 위스키	43	96	0	13.9

02 알코올의 섭취, 운반과 배출

섭취한 알코올은 오직 소화관을 통해 흡수된다. 단지 소량만 입과 식도(esophagus)에 흡수되며 대부분은 위와 소장의 십이지장과 장에서 흡수된다. 알코올은 위에서 상당한 양이 흡수될 수 있고 흡수 속도도 빠르기 때문에 빈속에 알코올을 마시면 즉각적으로 흡수된다. 만일 위 속에 음식이 있는 상태라면 위 안의 내용물이 위 벽면과 직접 접촉하는 양이 줄기 때문

에 위 내용물이 알코올을 희석하여 흡수가 늦어지고, 그 결과 알코올 흡수가 빠르게 일어나는 소장으로 이동하는 속도를 늦추게 한다.

흡수된 알코올은 혈관으로 들어가서 작은 수용성 분자로서 수분을 함유하는 모든 신체 조직으로 빠르게 확산된다. 이때 확산에 의해 세포막을 통과하기 때문에 들어가는 알코올의 양은 세포막을 사이에 둔 농도 차이에 의해 결정된다. 그러므로 혈중 알코올 농도는 몸속(신체) 알코올 양을 나타내며, 알코올 흡수와 배설의 비율 차이에 의해 결정된다. 혈중 농도의 최고 수치는 대략 알코올 섭취 1시간 이후에 나타나는데, 섭취한 알코올 음료의 종류와 양, 음료를 마시는 속도, 소비된 음식들, 음주자의 무게와 성별, 몸속의 알코올분해효소 활동을 포함하는 많은 변수에 따라서 혈중 알코올 농도는 결정된다 표 8-2.

알코올은 독성 물질이고, 신체에 저장될 수 없기 때문에, 빨리 제거되어야 한다. 흡수된 알코올은 간문맥 순환을 통하여 간으로 이동하는데, 알코올은 간에서의 우선적인 대사 물질이므로 약 90%는 간에 의한 대사 작용으로 탄수화물, 단백질, 지방보다 먼저 소비되고, 5% 정도는 소변으로 배출되며, 나머지는 내쉬는 숨을 통하여 폐에서 제거된다. 콩팥에 도달한 알코올은 이뇨제 역할을 하여 소변의 배출량을 늘리므로 과도한 알코올 섭취는 탈수증을 초래한다. 폐를 통과한 호흡을 통하여 알코올을 측정하는 방법은 혈중 알코올 농도를 추정하기 위해 사용될 만큼 충분히 예측 가능하며 신뢰할 수 있다. 이것이 개인이 음주 상태 하에 운전을 했는지를 판단하는 음주단속 측정기의 원리이다.

표 8-2 혈중 알코올 농도에 영향을 미치는 인자

요인	내용
성별	남성은 신체에 많은 물과 위 속에 ADH(알코올 탈수소효소)를 더 많이 가지고 있어 같은 크기의 여성보다 평균적으로 낮은 혈중 농도를 가진다.
음식	위 속의 음식은 알코올의 흡수를 느리게 하므로 음주 전에 음식을 섭취하는 것이 혈중 알코올 농도를 낮게 한다.
체중	몸무게가 많이 나가고 체수분량이 많을수록 주어진 양을 마신 후에 혈중 알코올 농도는 더 희석된다.
음주속도	신체의 알코올 대사 작용이 느리게 일어나므로 시간당 마시는 잔 수가 증가하면 혈중 알코올 농도는 상승한다.
알코올의 종류	마시는 알코올의 양은 혈중 알코올 농도가 상승하는 속도에 영향을 준다. 탄산과 혼합된 것(탄산수와 소다)을 사용하면 신체는 알코올을 더 빨리 흡수한다.

03 알코올 물질 대사

알코올 대사에는 두 개의 경로가 있다. 세포의 세포질에 있는 알코올 탈수소효소(ADH)와 마이크로솜이라 불리는 작은 소낭에 있는 마이크로솜 에탄올 산화계(MEOS)이다.

세포 안에서 생성되는 마이크로솜은 소포체(smooth endoplasmic reticulum)라고 불리는 기관으로부터 나뉜다.

| 1 | 알코올 탈수소효소

알코올을 적당히 섭취하거나 또는 가끔 섭취하는 사람들에게서의 알코올은 대부분 ADH 경로를 통하여 분해된다. 간세포에서의 ADH 활성도가 최고로 높긴 하지만, 소화관 전역에서 이 효소가 발견되고 특히 소화관 중에서도 위에서의 활성도가 가장 높은 것으로 나타났다 그림 8-2.

여성이 남성보다 적은 양의 알코올을 섭취하고도 더 많이 취하는 이유는 위 내 ADH 효소의 활성이 낮기 때문이라는 가설이 있다. 또 다른 설명에 의하면 여성의 체지방량이 높은 데 비해 상대적으로 수분량이 적기 때문이라고 한다. 알코올은 체수분 분산에 집중되어 농도가 높아지며, ADH는 알코올을 알데히드로 변환시킨다. 독성 화합물인 아세트알데히드는 미토콘드리아의 효소인 알데히드 탈수소효소에 의해 아세틸 CoA를 형성하는 아세트산이라고 불리는 2-탄소 분자로 분해된다그림 8-3. 이 과정에서 니코틴아미드 아데닌 디뉴클레오티드(nicotinamind adenine dinucleotide; NAD)는 조효소 형태의 비타민 B, 나이아신은 NADH를 형성하기 위해 전자와 수소 이온을 방출한다. 이 과정을 통해서 ATP가 생성된다 하더라도 세포 안의 유용한 NAD는 급격히 감소하므로 NADH는 증가한다. NADH의 증가는 시트르산 회로를 느리게 하여 아세틸 CoA가 한층 더 산화되는 것을 방해한다. 대신 알코올 산화에 의해서 생성되는 아세틸 CoA는 탄수화물이나 지방 신진대사의 아세틸 CoA처럼 간에 축적되는 지방산을 합성하기 위해 사용된다. 그러므로 단기간의 과음에 의해서도 지방이 간에 축적된다.

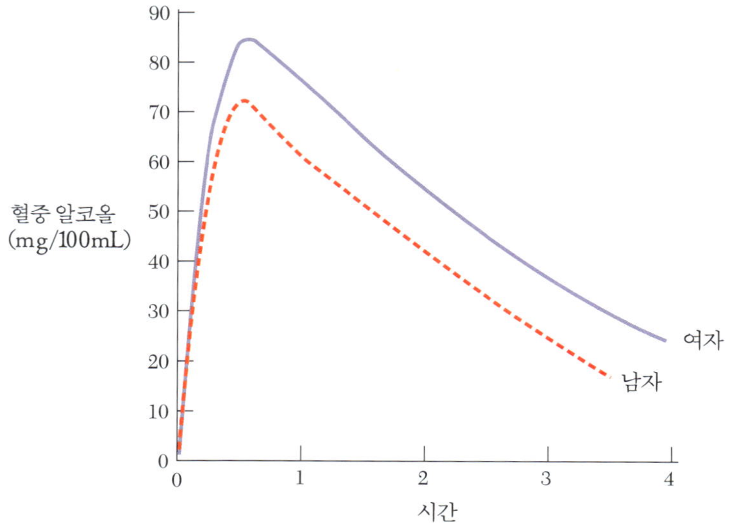

그림 8-2 같은 양의 알코올 섭취 후 혈중 알코올 농도는 남성보다 여성이 높다.

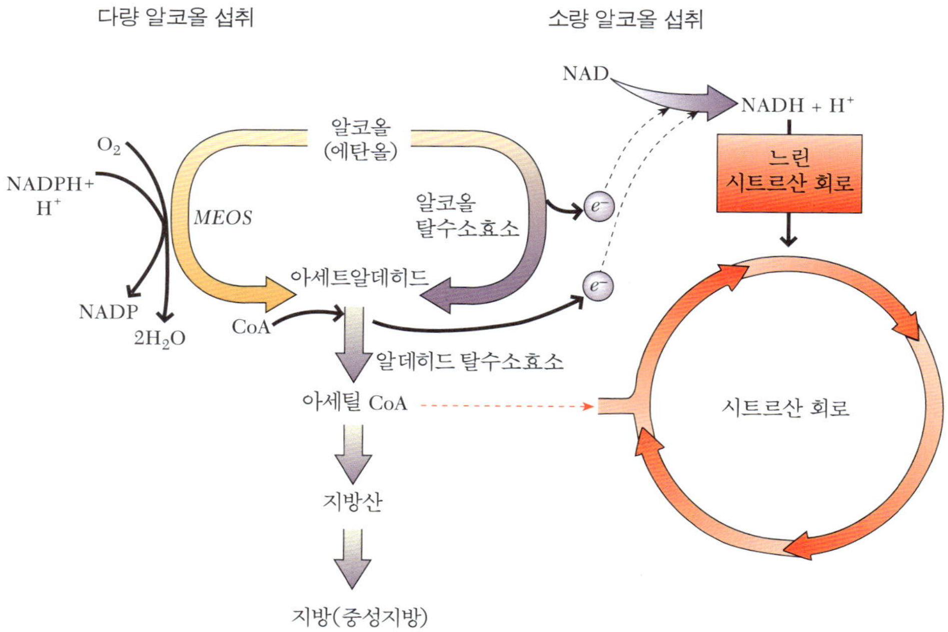

그림 8-3 적은 양의 알코올을 마실 때 알코올은 대부분 알코올 탈수소효소에 의해 분해되어 아세트알데히드를 생산하고 수소 이온과 전자를 방출한다. NADH가 축적되면 시트르산 회로를 느리게 만들어 아세틸 CoA는 분해되지 않고 그 대신 아세틸 CoA가 지방산을 합성하는 데 사용한다. 다량의 알코올을 마시면 마이크로솜 산화계가 에탄올을 알데히드로 전환시킨다. 이 두 가지 시스템에 의해 만들어진 알데히드는 탈수소효소에 의해 아세틸 CoA로 전환된다.

| 2 | 마이크로솜 알코올 산화계

또한 알코올은 마이크로솜 에탄올 산화계(MEOS)라 불리는 두 번째 경로에 의해 간에서 신진대사한다. 이 시스템은 섭취되는 알코올 양이 많을 때 특히 중요하다. ADH 시스템처럼, MEOS는 알코올을 아세트알데히드로 변환시키고, 이 과정에서 미토콘드리아 속 알데히드 탈수소효소에 의해 산화된다. 이 반응은 니코틴아미드 아데닌 디뉴클레오티드 인산(nicotinaminde adenine dinucleotide phosphate; NADPH)이라고 불리는 나이아신 조효소와 산소에 달려 있다. 알코올 산화로부터 NADH를 형성함으로써 에너지가 발생하는 ADH 경로와는 다르게, MEOS 시스템은 알코올의 산화를 위해서 NADPH 형태의 에너지 흡수를 요구한다. 아세트알데히드, 물과 NADP를 형성하는 것에 추가하여 활성산소분자도 생성되는데, 이 활성산소가 간질환의 원인이 된다. 알코올의 섭취가 많을 때 ADH가 알코올을 산화시키는 비율은 일정하지만 MEOS 활동은 증가하는데, MEOS는 다른 약물 대사에도 관계하므로 알코올 섭취가 많아 MEOS의 활성이 증가하면 다른 약물의 대사도 변화가 일어나게 된다.

| 3 | 대장 속의 알코올 물질 대사

비록 흡수되지 않는 알코올이 대장에 바로 도착하지 않아도(그전에 다 흡수되어 버렸기 때문에) 알코올은 혈관을 타고 대장 세포로 이동한다. 대장 내 흡수된 알코올은 대장 내 세균의 ADH에 의해 분해되어 아세트알데히드를 생성한다. 세균이 알코올을 아세트알데히드로 바꾸는 능력은 아세트알데히드를 아세테이트로 바꾸는 능력보다 더 강하기 때문에 독성 아세트알데히드는 결장에 축적된다. 이것은 점막의 손상과 결장암을 일으키며 혈액의 아세트알데히드는 간 손상을 일으킨다.

04 알코올 섭취의 부작용

알코올 섭취 이후 몇 시간 동안 기능을 교란하는 단기 부작용이 나타나며 또한 만성적인 알코올 섭취는 장기적인 부작용을 나타낸다. 만성적인 알코올 흡수는 영양상태를 방해하고 그것을 산화하는 동안 독성 화합물을 생산하기 때문에 병을 일으킬 수 있다. 알코올의 효과는 생애주기에 따라 변화한다. 임신한 동안 알코올을 섭취하면 성장하는 태아에게 정신지체와 다른 선천성 이상을 초래할 수 있고, 뇌가 발달하고 변화하는 유년기와 사춘기 동안에 알코올을 섭취한다면 학습과 기억능력의 영구적 감소를 초래할 수 있다. 또한 알코올은 누구에게나 직접 또는 간접적으로 신체의 모든 기관에 영향을 미치며 영양실조와 많은 만성질환의 위험을 늘린다표 8-3.

표 8-3 만성 알코올 사용이 건강에 미치는 효과

건강 영향	알코올의 피해
선천적 기형	임신 기간 중 알코올을 섭취했을 때 알코올에 관련된 태아 알코올 증후군, 알코올성 태아기형, 그리고 신경발달장애의 위험 증가
소화관 질활	위와 소장의 안쪽 벽에 피해를 주고, 췌장염의 발생 원인
간 질환	지방간, 알코올성 간염, 간경화증 유발
영양실조	영양분 흡수를 줄이고 몇몇 비타민과 무기질의 저장, 대사, 배설을 변화시키며 알코올이 영양 밀도가 높은 열량원을 대체하기 때문에 불량 식사와 높은 연관성
신경 장애	기억력 감퇴, 치매, 말초신경병증의 원인
심혈관 장애	심근병증, 고혈압, 부정맥, 뇌졸중과 같은 심혈관 장애
혈액질환	빈혈과 감염의 위험 증가
면역 작용	면역계를 억제하여 호흡성 감염, 폐렴, 결핵과 같은 감염성 질병의 증세
암	암의 위험을 증가. 식도, 구강, 인두, 후두를 포함하는 위쪽 소화관과 간, 췌장, 유방, 직장의 위험 증가
성기능 장애	정소나 난소의 미숙한 기능에 의한 호르몬 결핍으로 성기능 장애와 불임 유발, 또한 빠른 갱년기의 비율이 높고, 빈번한 월경 불순의 높은 비율과도 관련
정신적 장애	우울증, 불안증, 불면증을 유발하고 자살의 발생수가 높은 것과 관련
사망률	미국에서는 1년에 75,000건의 알코올과 관련된 사망 발생

| 1 | 알코올 소비의 급성적인 영향

수유부가 알코올을 섭취하면 모유를 통해 신생아에게까지 전해지는데, 모유 중 알코올 농도는 섭취 후 1시간에서 1시간 반 사이에 가장 높게 나타난다. 그러므로 수유부는 알코올 섭취를 자제하는 것이 좋으나, 부득이한 경우에는 알코올 농도가 높은 시기에는 수유를 피하는 것이 바람직하다.

체중, 음주량, 섭취하는 음식과 일반적인 건강에 따라 간은 대략 시간당 약 12~14g의 알코올을 분해하는데, 이것은 보통 1잔(약 142g 와인, 약 340g의 맥주, 약 43g의 증류주)의 알코올 양이다. 알코올 섭취가 그것을 분해하는 간의 능력을 초과할 때, 간의 활성효소가 알코올을 신진대사시킬 때까지는 혈류에 축적된다. 알코올 중독 상태는 정신적, 물리적 능력을 손상시키고 결국 뇌에 영향을 미치는데, 즉 뇌 속에서 뇌신경 신호를 전달받는 것이 늦어져서 알코올이 신경전달 억제제 역할을 하는 것이다. 첫 번째로 알코올은 추리력에 영향을 미치는데, 음주가 계속되면 뇌 속에 시각과 언어 중추가 영향을 받게 된다. 다음으로는 대근육 제어 기능이 소실되기 때문에 동작을 제어하지 못하고 마침내 의식을 잃어버리는데, 이후에도 음주가 계속되면 마취 효과가 나타나서 숨 쉬는 것과 심박수까지도 억제될 것이다.

의식을 잃을 때까지 계속해서 많은 양의 알코올을 마시면 죽음을 초래할 수도 있는데, 이는 폭음과 함께 일어날 수 있다. 알코올의 중추신경계에 대한 작용은 매우 치명적이어서 음주 상태에서는 운전을 하지 않도록 규제할 정도이다. 알코올은 반응 시간, 눈과 손의 감각, 정밀성, 균형 감각에 영향을 미친다. 이와 같이 동작 근육을 운용하는 능력을 해칠 뿐만 아니라 운전 중 판단력을 방해한다. 또한 알코올의 남용은 가정 폭력의 원인이 되고, 매년 약 75,000건의 사망 사고를 가져오기도 하며, 그중 음주 교통사고 사망이 약 30%를 차지한다.

| 2 | 알코올 중독 : 알코올 사용의 만성적 영향

정기적인 알코올 섭취와 관련한 한 가지 위험성은 중독 가능성이다. 알코올에 의존하는 것을 알코올 중독(alcohol addiction)이라 하며, 중독의 위험성은 더 어린 나이부터 음주를 시작한 사람에게서 더 높게 나타난다. 다른 약물 중독과 같이, 알코올 중독은 치료가 필요한 생리적인 문제다. 알코올 중독에 대해 유전적 소인을 가지고 있지만 알코올을 마시지 않는 사람들은 같은 유전자의 음주자들에 비해 중독될 가능성이 적다.

2-1 알코올과 영양실조, 비만

오랜 기간의 과도한 알코올 섭취로 인한 합병증 중 하나는 영양실조이다. 알코올은 에너지에(1g당 7kcal) 도움은 되지만 영양분은 적다. 알코올은 식이에서 좀 더 영양밀도가 높은 에너지원을 밀어내서 그로 인해 전체 영양 섭취를 감소시킨다. 알코올로부터 오는 열량이 증가함에 따라, 영양 결핍의 위험성이 증가한다. 음주자가 적당히 알코올을 섭취하는 경우 일반적으로 식이에서 탄수화물은 알코올로 대체되고 에너지 섭취량는 약간 증가한다. 알코올의 섭취가 전체 열량의 30%를 초과할 때, 단백질과 지방의 섭취뿐만 아니라 탄수화물의 섭취가 감소되고 티아민과 비타민 A와 C와 같은 필수 미량영양소의 섭취도 권장량보다 떨어질 수 있다. 그러므로 알코올 섭취가 높은 식이는 일차적 영양실조를 유발하는데, 그 이유는 영양소가 식이 내에서 집중된 에너지원이 알코올로 대체되고, 전체 영양 섭취를 감소시키기 때문이다. 알코올은 영양소 섭취의 감소 외에도, 영양소 흡수를 방해함으로써 심지어 적당한 양의 영양소가 섭취될 때에도 이차적 영양실조를 유발할 수 있다. 알코올은 위, 췌장, 장의 염증 반응을 유발하는데, 이것은 음식의 소화와 혈액으로의 영양소 흡수를 방해한다. 소장 벽의 알코올로 인한 손상은 몇몇의 비타민 B와 비타민 C의 흡수를 감소시키므로 비타민 B와 티아민의 결핍은 만성적 알코올 섭취와 특별한 관계가 있다. 알코올은 또한 다른 비타민과 몇몇 무기질의 저장, 대사, 흡수를 방해하여 영양실조의 원인이 된다.

알코올 섭취는 영양결핍뿐 아니라 비만의 원인이 되기도 한다. 알코올로 섭취되는 칼로리는 복부지방의 형태로 저장되기 쉬운데, 복부지방은 고혈압, 심장질환, 당뇨병의 위험성을 증가시킨다. 알코올 섭취 유형과 체중을 분석한 결과, 적은 양의 알코올을 자주 섭취하는(일주일에 3~7일, 하루에 한 잔 정도) 사람들이 가장 낮은 BMI를 나타낸 반면, 많은 양을 가끔 섭취한 사람들은 가장 높은 BMI를 나타냈다.

2-2 알코올의 독소작용

만성적인 알코올 소비는 고혈압, 심장질환, 뇌졸중과 관련되어 있으나, 가장 특징적인 생리학적 효과는 간에서 나타난다. 영양 부족으로부터 간 손상을 야기하는 것 외에도, 알코올은 그 자신의 독소 효과로 간 손상을 야기한다. ADH를 매개로 하는 대사 작용은 과다한 양의 NADH를 생산하고, 이는 시트르산 회로를 억제하며, 지질, 탄수화물, 단백질의 대사에 영향을 끼친다. 높은 NADH는 지방 합성을 도와주고, 지방산의 분해를 억제하며, 간 내부에서 지방의 축적을 가져온다. MEOS에 의한 대사 작용은 산화성 스트레스를 초래하고 있는 유리라디칼(free radical)을 생성한다. 그리고 그것은 세포막 손상과 효소 작용을 변경시키는 지방질 산화의 원인이 된다.

ADH나 MEOS, 어떤 것에 의해 분해되든 독성 아세트알데히드가 생성된다. 아세트알데히드는 단백질에 결합하고 미토콘드리아의 반응과 기능을 억제함으로써 독성 효과를 발휘하는데, 이것은 아세트알데히드에서 아세트산으로의 대사 작용을 감소시킴으로써 더 많은 아세트알데히드가 축적되어 더 많은 간 손상을 야기한다.

알코올성 간질환은 몇 단계로 진행된다. 제1기는 지방간으로, 알코올 섭취가 간에서 지방의 합성과 저장을 증가시킬 때 발생하는 상태다. 제2기는 알코올성 간염으로, 간의 염증이다. 이 두 상태는 알코올 소비가 중단되고 좋은 영양분과 건강 습관이 뒤따르면 치료될 수 있다. 만약 알코올 섭취가 계속되면 간경화증으로 진행될 수 있는데, 이것은 섬유성 결체 조직이 간에 상처를 내고 기능을 방해하는 회복 불능의 상태이다 그림 8-4. 간은 많은 대사 작용의 일차적인 장소이기 때문에, 간경화증은 생명에 치명적이다.

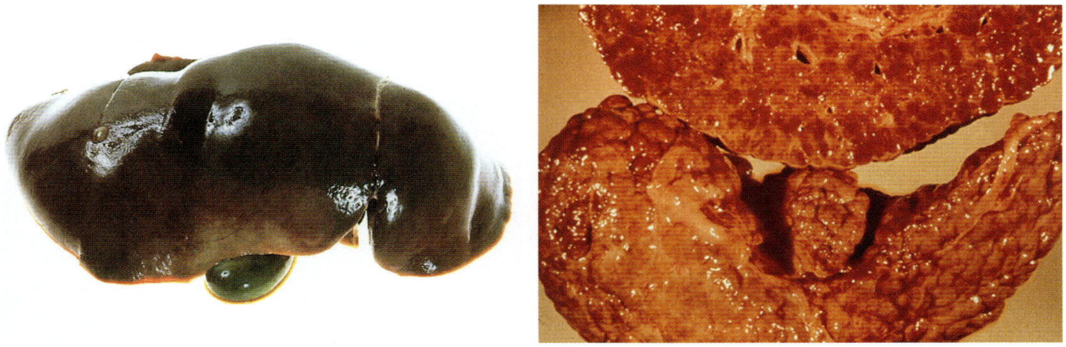

그림 8-4 만성적 알코올 섭취는 영구적인 간 손상을 야기할 수 있다. 왼쪽은 정상적인 간이며, 오른쪽은 간경화증 간이다.

2-3 알코올과 암

간질환을 야기하는 것 외에도 과도한 음주는 몇몇 유형의 암과 관련된다. 알코올 섭취와 암 발병의 메타 분석(meta-analysis)은 구강, 인두, 식도, 후두, 유방, 간, 결장, 직장 및 위에서의 연관성을 찾아냈다. 역학적으로 볼 때 유방암의 발병률은 알코올 섭취량과 직접적인 관계가 있다. 어떻게 알코올이 유방암을 촉진하는가는 아직 밝혀지지 않았지만 아세트알데히드의 돌연변이 유발 효과를 통해 산화적 손실을 초래하거나 엽산의 대사 작용을 방해함으로써 에스트로겐 대사를 변경하여 암에 영향을 준다고 추정해 왔다. 따라서 적당한 엽산 식이는 알코올 섭취와 관련된 늘어난 유방암 발병률을 예방한다는 몇몇 보고가 있다.

05 알코올 섭취의 이점

때로 적당한 알코올 섭취(식이지침서에 의하면 여자는 하루에 한 잔 이하, 남자는 하루에 두 잔 이하)가 이로울 수도 있다. 식사 전 또는 식사 중에 알코올 음료를 섭취하는 것은 식욕을 증진하고 분위기를 향상시킬 수 있다. 또한 알코올은 혈액응고 단백질인 피브리노겐의 수치를

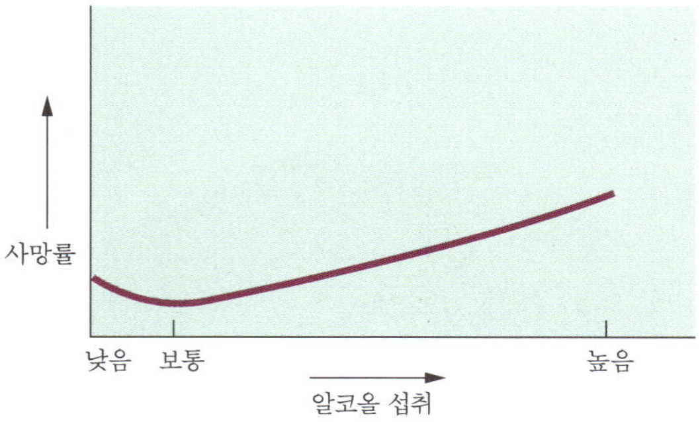

그림 8-5 일반적으로, 사망률이 알코올 소비량에 반비례하여 적당한 알코올 소비의 낮은 사망률과 더불어 J 형태의 곡선으로 나타난다. 곡선의 형태는 피검자의 나이와 성별에 따라 변화한다.

낮춰줌으로써 심장질환의 위험성을 낮추는데, 이는 심장으로 향하는 혈관을 막아 심장마비를 일으키는 혈액 덩어리를 줄이기 때문이라고 생각된다. 역학적, 임상적 연구는 적당량의 음주는 전혀 알코올을 섭취하지 않을 때와 비교했을 때 심장병과 뇌졸중의 발병률을 낮춘다는 것을 보여 주었다.

이러한 심장질환 발병률의 감소는 적당한 양의 알코올을 섭취하는 중년과 노인의 사망률을 감소시키는 결과를 낳는다. 그러나 과도한 알코올 섭취는 심장질환으로 인한 사망률을 증가시킨다그림 8-5. 심장질환 위험성을 줄이는 것으로 알려진 지중해식 식이에는 매일 적당한 와인이 포함된다. 적포도주의 특별한 이점은 그것이 함유하고 있는 항산화물질(페놀)의 조합 때문인 듯하다그림 8-6. 가장 중요한 것은 적당한 알코올 섭취가 HDL 콜레스테롤을 30% 증가시킬 수 있다는 것이다. 이는 HDL 콜레스테롤 증가로 심장질환 위험을 줄이는 절반 이상의 효과를 볼 수 있다그림 8-7.

그림 8-6 알코올은 심장질환의 발병률을 줄여 주는 일련의 효과를 가지고 있다. 적포도주 안에 있는 항산화 물질은 이러한 이익 효과에 더 기능할 수 있다.

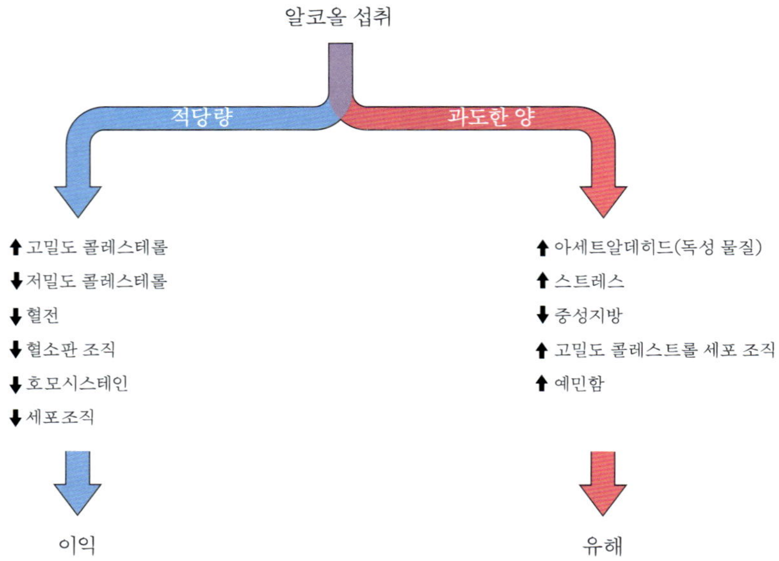

그림 8-7 적당한 알코올 소비는 심장질환의 위험성을 낮추는 일련의 생리적 변화를 야기한다. 그러나 과도한 섭취는 심혈관질환의 위험성을 줄이기는커녕 알코올에 의해 유발되는 위험을 오히려 더 증가시킨다.

06 안전한 음주

다른 약물과 마찬가지로, 알코올은 이익뿐만 아니라 위험성도 큰데, 알코올로 인한 위험성은 음주자의 섭취량에 의존한다. 어떤 사람들은 어떠한 알코올도 섭취해서는 안 된다. 예를 들어, 임신하거나 임신을 생각하고 있는 여성은 알코올이 태아에 손상을 입힐 수 있기 때문에 섭취해서는 안 된다. 어린이들과 청소년들도 알코올을 섭취해서는 안 되는데, 알코올의 독성 효과로 더 쉽게 술에 취하거나 발작, 혼수상태, 죽음을 초래할 수도 있기 때문이다. 운전을 하거나 기계를 작동할 사람들은 알코올이 근육운동의 협조와 반사를 해칠 수 있기 때문에 섭취해서는 안 되고, 알코올 중독자들은 적당한 수준에서 그들의 음주를 조절할 수 없기 때문에 반드시 피해야만 한다. 마지막으로, 약을 섭취하는 사람들은 약이 알코올과 화학반응을 할 수 있기 때문에 피해야 한다. 이처럼 과도한 알코올 섭취는 누구에게나 이익보다는 위험성이 더 크다.

알코올은 적당한 선에서 마셔야 하는데, 1.5시간당 한 잔 이하로 천천히 섭취해야 한다. 이와 같이 한 번에 마시지 않고 한 모금씩 마시는 것은 이미 섭취된 알코올을 간이 분해할 만한 시간을 충분하게 주기 위한 것이다. 비알코올 음료와 알코올 음료를 번갈아가며 마시는 것도 알코올이 섭취되는 속도를 느리게 하고 탈수 증세를 예방한다. 알코올 흡수는 공복에서 가장 빠르므로 식사와 함께 알코올을 섭취하는 것이 알코올의 흡수를 느리게 하고 심혈관계에 미치는 보호 효과를 증대시킨다그림 8-8. 또한 HDL에 대한 알코올의 효과는 간이 음식으로부터 흡수된 영양분을 처리하고 있을 때 가장 크다고 믿어진다. 불행하게도 한번 알코올이 흡수되면, 알코올이 신체로부터 대사되고 제거되는 비율은 빨라질 수 없다. 찬물 샤워, 활발한 산책, 블랙 커피는 술을 깨는 데 도움이 될 수는 있지만 술을 완전히 깨게 하지는 않는다.

그림 8-8 적당한 양의 알코올이 음식과 함께 섭취될 때, 중독의 위험성이 줄어들고 잠재적 이익이 증대된다.

9

섭식장애

우리가 먹는 식사는 매일 다르다. 어떤 날은 평소보다 두 배로 많이 먹기도 하고, 어떤 날은 영양가가 높은 음식을 다양하게 먹기도 하지만, 스낵이나 패스트푸드만 먹는 날도 있다. 어떤 날은 점심으로 한 상을 잘 차려 먹기도 하지만, 길을 걸으며 요구르트 한 개로 때우는 날도 있다. 모임이 있을 때에는 과식을 하게 되지만, 바쁘거나 스트레스를 받으면 적게 먹기도 하고, 체중 조절을 위해 다이어트를 할 때도 있다. 이처럼 식사는 사회적인 상황이나 감정, 시간, 배고픈 정도 등에 따라 영향을 받으며, 보통 배가 부르면 먹기를 멈춘다. 그러나 먹는 행위나 신체 크기, 형태 등에 지나치게 집착할 때 섭식장애가 일어나게 된다.

01 섭식장애란 무엇인가?

섭식장애란 체중을 줄일 목적 때문에 식습관이나 기타 다른 행동에 지속적인 장애를 일으키는 심리장애를 말한다. 섭식장애는 신체의 건강뿐 아니라 심리 기능에도 영향을 주며, 치료를 하지 않을 경우 생명을 위협할 수도 있다.

섭식장애에는 세 가지 유형이 있다. 첫째는 신경성 거식증으로 체중을 줄이거나 체중 증가를 막기 위해 스스로 굶는 것이 특징이다. 두 번째로 신경성 대식증은 한꺼번에 엄청난 양의 고열량 식품을 섭취하는 폭식 증상이 반복된다. 폭식 후에는 우울증, 죄책감 등의 심리적 장애로 먹은 것을 없애려고 하는 구토유도 등의 쏟아내기 행동(purging)이 뒤따른다. 세 번째로 기타 섭식장애는 위의 두 유형 어디에도 속하지 않는 비정상적인 섭식행동을 말한다. 섭식장애로 치료받는 사람들의 50% 이상이 기타 섭식장애에 속한다. 예를 들어, 체중이 현저히 적게 나가지만 거식증으로 분류될 만큼 낮지 않을 경우와 폭식과 쏟아내기 행동을 하고 있지만 대식증으로 분류될 정도가 아닌 경우이다. 신경성 폭식장애는 쏟아내기 행동을 하지 않는 폭식 행동을 말하는데 기타 섭식장애에 속한다표 9-1.

표 9-1 섭식장애를 분류하는 기준이 되는 징후

신경성 거식증	**증상**	• 정상체중의 85% 이상의 체중을 거부한다. • 저체중임에도 불구하고 체중이 늘거나 뚱뚱해지는 것에 대한 강한 두려움이 있다. • 자신의 체중과 신체상을 받아들이는 방법에 장애가 있으며, 저체중의 심각성을 부인하다. • 다른 원인 없이 월경이 3개월 이상 정지되고 있다.
	유형	• **제한 유형** : 신경성 거식증이 진행되는 동안, 폭식증과 쏟아내기 행동(구토유도나 하제, 이뇨제, 관장약 등의 사용)을 보이지 않는 경우 • **폭식형 또는 쏟아내기형** : 신경성 거식증이 진행되는 동안 폭식과 쏟아내기 행동(구토유도나 하제, 이뇨제, 관장약 등의 사용)을 보이는 경우
신경성 대식증	**증상**	• 폭식의 반복 • 구토유도나 하제, 설사약, 관장약이나 기타 약물 사용, 굶기, 지나친 운동 등 체중의 증가를 막기 위한 비정상적인 보상해동의 반복 • 지난 3개월 동안 평균 일주일에 2번 이상 폭식과 비정상적인 보상행동의 경험 • 신체상과 체중에 대해 스스로 갖고 있는 바당한 압박 • 신경성 거식증에서만 일어나는 장애가 없음
	유형	• **쏟아내기 행동형** : 신경성 대식증이 진행되는 동안 구토유도나 하제, 이뇨제, 관장약 등을 이용한 보상행동을 나타내는 경우 • **쏟아내기 행동을 안 보이는 유형** : 신경성 대식증이 진행되는 동안 굶기나 지나친 운동 등 다른 형태의 보상행동을 나타내는 경우로 구토유도나 하제, 이뇨제, 관장약 등을 사용하지 않는 경우
기타 섭식장애	**증상**	• 월경이 규칙적인 것을 제외하고 신경성 거식증의 증상을 나타냄 • 상당한 체중 감소에도 불구하고 현재 체중이 정상 범위 안에 있다는 것을 제외하고 신경성 거식증의 증상을 나타냄 • 폭식증상이 지난 3개월 간 일주일에 2번 이하로 나타난다는 점을 제외하고 신경성 대식증의 증상을 나타냄 • 체중이 정상이면서 적은 양의 음식을 먹고 비정상적인 보상행동을 하는 경우 • 많은 양의 음식을 씹은 후 삼키지는 않고 뱉어내는 경우 • 대식증의 특징적인 행동인 비정상적인 보상행동이 없이 폭식증 증상을 보이는 경우(습관성 폭식장애)

02 섭식장애의 원인

유전적, 심리적, 사회문화적 요인 모두 섭식장애에 영향을 준다그림 9-1. 섭식장애는 보통 신체적, 정신적, 사회적 발달이 급속히 일어나는 청소년기에 시작되는데, 모든 연령대와 민족, 다양한 사회경제적 배경의 사람들에게서도 일어난다.

섭식장애는 전문댄서나 모델 등 저체중을 유지해야 하는 사람들에게서 많이 발생한다. 또한 체조나 피겨스케이팅처럼 날씬한 몸매를 요구하는 스포츠나 레슬링처럼 특정 체중을 유지해야 하는 종목의 운동선수들에게서도 발생률이 증가하고 있다.

| 1 | 유전적 요인

섭식장애가 반드시 유전되는 것은 아니지만, 섭식장애로 발달할 수 있는 개인적 성향이나 생물학적 특성에 영향을 주는 유전인자를 물려받을 수는 있다. 예를 들어, 식품 섭취에 영향을 미치는 세로토닌 같은 신경전달물질의 이상을 유발하는 유전장애는 거식증과 대식증의 특이행동을 보인다. 신경성 폭식장애는 멜라노코트린 4 수용체(melanocortin 4 receptor) 유

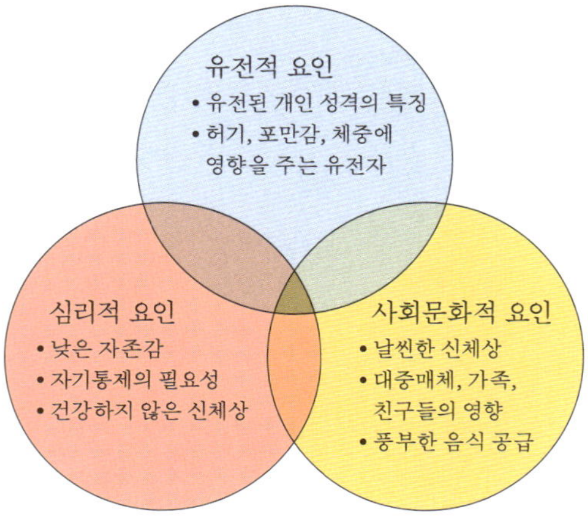

그림 9-1 섭식장애는 유전, 심리적, 사회문화적 요인이 복합적으로 작용해 발생한다.

전자의 이상과 관련이 있는데, 이 유전자가 만들어내는 단백질은 허기와 포만감을 조절한다. 이 유전자가 비정상적이어서 단백질을 만들어내지 못하면 신체는 심한 허기를 느끼게 된다. 돌연변이 유전자를 가진 모든 사람들이 폭식장애를 앓고 있으며, 이런 돌연변이는 비만인 사람들의 5%에서 나타난다. 이와 같은 유전자들이 섭식장애에 영향을 주고 있지만 단지 한 개의 유전자가 유일한 원인이 되는 것은 아니며, 섭식장애는 복합적인 질병으로서 여러 가지 유전자와 환경의 상호작용으로 발생한다. 각각의 유전자들이 주는 영향은 크지 않지만, 함께 작용하게 되면 위험은 몇 배나 증가한다. 이러한 유전자를 갖고 있는 사람들이 섭식장애를 유도하는 환경에 놓이게 되면 더 쉽게 섭식장애를 일으킬 수 있다.

| 2 | 심리적 요인

섭식장애를 갖고 있는 사람들에게서는 흔히 특이 성격과 심리적인 장애가 관찰되는데, 이들의 자존감은 낮다. 자존감이란 자기 자신에 대한 평가로, 스스로를 얼마나 가치 있고 능력 있는 사람으로 생각하는지 말하는 것이다. 또한 섭식장애를 가진 사람들은 보통 자기 자신이나 다른 사람들에 대한 기준이 매우 높은 완벽주의자인 경우가 많기 때문에, 이들은 완벽해지기 위해서 자신의 신체나 삶을 조절하기 위해 애쓰면서 모든 것을 성공 또는 실패로만 받아들인다. 즉 살이 찌는 것은 실패, 날씬한 것은 성공이며, 점점 살이 빠질수록 더 성공하는 것이라고 생각한다.

섭식장애를 가진 사람들에게 있어 음식은 자신의 삶을 통제하고 자존감을 높이기 위한 수단이 된다. 이들은 음식 섭취와 체중 조절이 자신의 문제 해결 능력을 입증하는 것이라고 믿기 때문에 음식 섭취와 체중을 조절하는 능력이 스스로를 더 멋져 보이게 만든다고 생각한다. 심지어 삶의 다른 부분에서는 자신감도 없고, 무력하고, 불만족스럽더라도 음식의 섭취, 체중, 신체 사이즈를 조절할 수 있다면 이것은 곧 성공으로 연결된다.

| 3 | 이상적인 신체상에 대한 사회적인 영향

유전과 심리적 요인이 섭식장애를 일으키는 경향을 갖는 한편, 사회문화적·경제적인 요인은 이러한 장애의 시작을 촉발하는 주요 요인이다. 신체상은 중요한 사회문화적 요인으로서 이상적인 몸매를 바라보는 관점은 문화마다 다르며 역사를 통해 변화해 왔다. 고대의 그림이나 조각들에서는 가슴이 크고 배가 불룩한 여성들을 볼 수 있는데그림 9-2, 이런 풍만한 신체상은 오늘날에도 음식이 귀한 문화권에서는 여전히 압도적이다. 이런 문화권의 젊은 여성들은 이상적인 몸매를 얻기 위해서 살을 찌우려고 노력하는 반면, 선진국의 여성들은 늘씬하고 가냘픈 몸매를 만들려고 노력하고 있다. 신체 사이즈에 대한 사회문화적인 개념은 신체상과 섭식장애 발생에 관련이 있다. 섭식장애는 음식이 풍족하고 날씬한 신체상을 갖고 있는 사회에서 발생하며, 음식이 부족해 다음 끼니를 걱정해야 하는 곳에서는 나타나지 않는다.

3-1 현대의 신체상

텔레비전과 영화, 잡지와 광고, 심지어 장난감까지 오늘날의 신체상은 날씬함의 문화를 대변하고 있다. 대중매체는 '완벽한 몸'에 대한 메시지를 끊임없이 전달하고 있다. 키가 크고

그림 9-2 원시 문화에서의 이상적인 여성상은 오늘날 우리가 패션 잡지에서 볼 수 있는 것과는 매우 다르다. 지금도 음식이 부족한 곳의 신체상은 우리의 신체상보다 훨씬 풍만하다.

까무잡잡하고 근육질인 남자는 여자들에게 인기가 있으며 날씬하고 단단한 몸매의 여성은 남자들에게 인기가 있다. 날씬한 패션모델들이 광고판과 잡지 표지를 장식하고, 날씬함은 아름다움, 성공, 지성, 생기와 연결된다. 반면 풍만함은 실패나 멍청함과 연결된다. 남성들도 이런 메시지의 영향을 받지만, 우리의 문화는 특히 여성의 외모에 대해 강조하고 있다. 좋은 직업을 가져야 하고, 근사한 연애도 해야 하고, 아이를 낳아 길러야 하고, 집안일을 해야 하고, 유행을 따라 가야 하는 미래에 직면하고 있는 젊은 여성들은 이것을 모두 완벽히 수행할 수 없기 때문에 스스로 조절이 가능한 부분을 갈망하게 된다. 날씬함은 사회관습상 성공과 연결되므로 자연스럽게 음식 섭취와 체중이 선택된다. 그러나 이상적인 신체상은 도달하기 매우 어려운 것으로 결국 식습관의 장애를 일으키게 된다.

3-2 신체상과 섭식장애

자신이 어떻게 보이기를 원하는지에 대한 사람들의 생각은 그들이 속한 문화와 사회에 의해 영향을 받는데, 많은 여성들과 소녀들, 특히 10대 소녀들은 자신의 몸매에 만족하지 않는다. 대부분의 사람들은 자신의 신체 중 일부를 바꾸고 싶어 하지만, 일부의 사람들에게서는

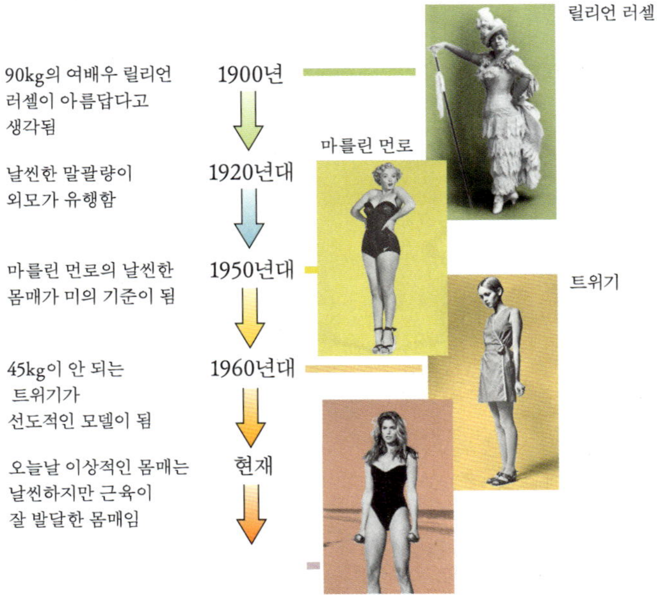

그림 9-3 미국 사회에서 날씬함이 항상 미의 기준은 아니었다. 이 그림은 여성의 신체상이 어떻게 변화해 왔는지를 보여준다.

이것이 체중과 몸매에 대한 병적인 관심으로 변하고 결과적으로 신체상이 왜곡된다. 왜곡된 신체상이란 자신의 신체 사이즈를 제대로 판단하지 못하는 것으로 자신을 실제의 모습 그대로 보지 못하는 것이다그림 9-3. 신체상의 왜곡은 섭식장애를 가진 사람들에게서 흔히 나타나는데, 만약 패션모델에 버금가는 체중에 도달했다고 할지라도 자신이 여전히 뚱뚱하다고 생각하며 체중을 더 줄이려고 노력한다.

03 신경성 거식증

'Anorexia'는 식욕 부진을 뜻하는 말이지만, 섭식장애의 경우 신경성 거식증은 식욕 부진보다는 날씬해지고 싶은 욕망을 말하며 이것 때문에 식품 섭취가 감소하게 된다. 신경성 거식증은 19세기 말 의사들이 처음 발견했으며, 당시 그들이 묘사했던 특징들은 오늘날에도 다르지 않다. 즉 심각한 체중 감소, 무월경증, 변비와 불안정 같은 증상이 나타난다.

● **일기**

오늘 아침식사로는 차를 한 잔 마셨다. 점심에는 양상추 조금과 토마토 한쪽을 먹었다. 저녁에는 가족을 위해 요리를 했는데, 요리하는 걸 좋아하지만 맛을 보지 않는 것이 괴롭다. 새로운 닭고기 요리를 시도해 보았는데, 이것을 밥과 아스파라거스와 함께 담아냈다. 또 디저트로 초콜릿 케이크를 만들었지만, 입도 대지 않았다. 식사 시간에도 그저 조금만 먹었다. 엄마에게는 만드는 동안 조금 먹었다고 말했다. 그리고 내가 아주 조금밖에 먹지 않았다는 것을 아무도 알아차릴 수 없도록 접시에 담긴 음식을 흩어 놓았다. 오늘 나는 정말 훌륭했다. 먹는 것을 조절했기 때문이다. 체중계에 달아보니 9kg이 빠졌지만, 나는 아직도 뚱뚱해 보인다.

| 1 | 심리적 요인

신경성 거식증의 심리적인 요인은 살이 찌는 것에 대한 공포와 관련이 있으며 거식증 환자의 경우 살이 찌느니 차라리 죽는 것이 낫다고 생각하는 경우도 흔히 있다. 이들은 위험할 정도로 말랐음에도 불구하고 신체상의 왜곡이 일어나 자기 자신이 저체중이라고 생각하지 않는다. 이런 장애를 가진 사람들은 체중이나 몸매로 자신을 평가한다. 그러나 체중을 아무리 많이 줄여도 자신들이 추구하는 자존감과 자기확신, 행복을 얻지는 못한다. 따라서 식품섭취를 계속 제한하고 체중을 줄이기 위해 다른 행동들을 하게 된다. 신경성 거식증을 가진 사람은 엄청난 저체중을 유지하기 위해 주의를 기울이며 음식을 조절한다.

| 2 | 거식증 행동

거식증과 관련된 행동들로는 식품 섭취 제한, 폭식과 쏟아내기 행동, 이상한 식행동과 지나친 운동 등이 포함된다. 거식증은 이러한 행동들을 바탕으로 2가지 유형으로 나눌 수 있다. 제한 유형은 단순히 음식 섭취를 제한하고 운동을 많이 함으로써 저체중을 유지하려는 경우이다. 폭식형 또는 쏟아내기형의 사람들은 음식 섭취 제한뿐 아니라 규칙적으로 폭식과 쏟아내기 행동을 하는데표 9-1, 거식증 환자의 절반 정도가 체중 조절을 위해 쏟아내기 행동을 하는 것으로 추정되고 있다.

거식증을 가진 사람들은 음식에 대한 강박관념에 시달린다. 이들은 음식을 많이 섭취하지 않음에도 불구하고 음식에 대해 걱정하며, 음식에 대해 생각하고, 음식에 대해 이야기하고, 다른 사람들을 위해 요리하는 것에 엄청난 시간을 소비한다. 이들은 또한 음식을 먹는 대신 접시 주변으로 흩어 놓고 작은 조각으로 자르기만 한다.

과잉운동 증상도 거식증의 전형적인 행동 유형이다. 많은 거식증 환자들이 지나친 운동을 하는데, 계단을 반복적으로 오르내린다든지 버스를 몇 정거장 먼저 내린다든지 하는 방법으로 남몰래 운동을 한다. 또는 광신적으로 운동을 하기도 하고 운동을 하지 않으면 죄책감을 느끼기도 하며 보통 혼자 규칙적으로 운동을 한다. 또한 운동과 먹는 것을 연관시키기 때문에 운동을 하면 먹을 권리를 획득한다고 생각해서 많이 먹으면 운동을 더 해서 그 대가를 치러야 한다고 생각한다. 이들은 피곤해도 운동을 멈추지 않으며, 견딜 수 있는 한계 이상으로 억지로 운동을 한다.

| 3 | 거식증의 신체증상

거식증에서 가장 먼저 나타나는 신체 증상은 체중 감소인데, 체중 감소가 심해지면 기아 상태의 증상이 나타난다. 기아 상태는 정신적 기능에 영향을 미쳐 무기력하고 둔해지며 지치고 우울해진다. 또한 지방 저장분이 고갈되어 근육이 손실되며, 입술에 염증이 생겨서 붓고, 피부에 각질이 생기고 벗겨지며, 몸에 솜털 같은 가는 털이 자라고, 머리털은 건조하고 가늘어져 끊어지며 빠진다. 여성은 에스트로겐 분비가 감소하여 월경이 불규칙해지거나 정지되는데, 이로 인해 성적 성숙이 지연되기도 하며, 장기간 지속되면 골밀도에 영향을 미친다. 남성의 경우 테스토스테론 분비가 감소한다. 기아의 마지막 단계에서는 전해질과 체액 균형에 이상이 생겨 심장 기능이 불규칙해진다. 또한 면역 기능이 저하되어 감염이 생기기 쉽다.

| 4 | 치료

신경성 거식증의 치료 목적은 신체적, 영양적인 회복을 도와주면서 심리적, 행동적 문제점을 해결하는 데 있다. 거식증은 빨리 치료하는 것이 중요한데, 기아 상태는 회복이 불가능한 피해를 유발할 수 있기 때문이다. 영양 치료의 목적은 열량 섭취를 증가시키고 식품 선택을 다양화함으로써 체중을 증가시키는 것이다. 증상이 가벼운 경우에는 영양 교육이나 식단 작성 교육을 통해 건강한 식습관을 형성하도록 도와주고, 증상이 심각한 경우에는 입원을 필요로 한다. 거식증을 완전히 회복할 수 있는 환자들도 있지만, 절반 정도는 결과가 좋지 않아 심리적 장애를 극복하지 못하며 정상 체중을 회복하지 못한다. 거식증이 신경성 대식증으로 발전하는 경우도 있다.

04 신경성 대식증

대식증이라는 뜻의 'Bulimia' 라는 말은 그리스어인 bous(황소)와 limos(배고픔)에서 유래되었으며, 마치 황소 한 마리를 다 먹을 수 있을 만큼 허기가 심한 것을 뜻하는 말이다. 신경성 대식증이란 용어는 1979년 영국의 한 정신과 의사가 사용한 것으로, 그는 대식증이라는 것이 엄청난 과식 욕구와 살이 찌는 것에 대한 병적인 불안감, 그리고 구토를 하거나 하제를 사용하여 음식이 살찌게 하는 것을 피하려고 하는 증상이 함께 일어나는 것이라고 정의했다.

● **일기**

오늘은 출발이 좋았다. 아침, 점심, 저녁 모두 다이어트를 잘 했는데, 저녁 8시 즈음에 기분이 우울하고 지루해졌다. 음식을 먹으면 기분이 좋아질 것 같았다. 정신을 차리고 보니 편의점에서 아이스크림 2통과 큰 봉지에 든 감자칩, 500g짜리 쿠키, 사탕 6개, 우유 1리터를 사고 있었다. 점원에게는 파티를 열려고 한다고 말했다. 그러나 그것은 한 사람만을 위한 파티였다. 나는 기숙사 방에서 혼자 감자칩을 먹기 시작했고 쿠키와 캔디를 다 먹어치우고 나서 우유를 마신 다음 마지막으로 아이스크림을 먹었다. 다행히 아무도 없었기 때문에 누구에게도 들키지 않고 토해낼 수 있었다. 나 자신이 나약하게 느껴지고 죄책감이 들었지만 먹은 모든 열량을 제거했다는 생각에 안도감도 들었다. 내일은 새로운 다이어트를 시작해야겠다.

| 1 | 심리적 요인

거식증과 마찬가지로 대식증 환자 역시 살이 찌는 것에 대한 강한 두려움을 갖고 있어서, 이들은 부정적인 신체상을 갖고 있다. 이들의 자존감은 자신의 몸매나 체중과 깊이 연관되어 있기 때문에 자신의 외모와 관계된 모든 문제에 관해 자신을 비난한다. 대식증 환자들은 일단 먹기 시작하면 멈출 수 없을 것이라는 공포에 불안해지기 때문에 지속적인 다이어트에 몰입하게 되고 결국 음식에 대한 집착으로 발전한다. 그 결과 보통의 경우 사회적으로 소외되며 게다가 파티나 외식처럼 음식에 노출될 수 있는 상황을 피하려고 하기 때문에 그 소외 정도가 더욱 심각해진다.

| 2 | 대식증 행동

대식증은 보통 날씬해지고 싶은 욕망 때문에 음식을 자제하는 것에서부터 시작된다. 결국 엄청난 허기를 참지 못하고 폭식을 하게 되며, 결국 반기아 상태와 폭식이 반복되는 형태로 발전하는데, 폭식을 하는 동안에는 통제가 불가능해진다. 폭식을 하는 동안 섭취하는 음식의 양은 사람마다 다르지만, 평범한 10대 청소년들은 하루에 2,000~3,000kcal를 섭취하는 반면, 대식증 환자는 한 번에 보통 3,400kcal 정도를 먹는다. 한 연구결과에 따르면 대식증 환자는 평균적으로 24시간에 7,000kcal를 섭취한다고 한다. 폭식 현상은 2시간 이상 지속되지 않으며, 혼자 몰래 먹다가 음식이 다 떨어지거나 통증이나 피로를 느끼거나 방해를 받게 되면 먹는 것을 그만둔다. 폭식 후에는 죄책감과 수치심을 느껴 쏟아내기 행동이 뒤따른다.

대식증 환자들은 폭식을 한 후 체중 증가를 막기 위해 여러 가지 이상 행동을 한다. 대식증은 이상 행동의 유형에 따라 두 가지 유형으로 나눌 수 있는데, 쏟아내기 행동을 하지 않는 유형은 체중 증가를 막기 위해 단식과 지나친 운동을 하는 한편, 쏟아내기 유형은 규칙적으로 구토 유도를 하거나 관장약, 하제, 이뇨제나 기타 약물을 이용한다표 9-1. 보통은 폭식을 한 이후에 이런 행동을 보이지만 평범한 식사를 한 이후에 쏟아내기 행동을 하기도 한다. 처음에는 구토를 유도하기 위해 목구멍 안으로 손가락을 넣지만 점차 의지에 따라 구토하는 법을 익히게 된다. 대식증 환자 중에는 설사를 유발하기 위해 하제를 복용하는 경우도 있지만 하제에 의한 체중 감량은 탈수 증상 때문일 뿐이다. 설사가 열량이 흡수되는 것을 막아줄 것이라고 생각하지만 음식이 하제가 작용하는 대장에 도달하기 전에 영양소의 흡수는 거의 다 이루어진다. 하제의 남용 때문에 일어나는 체중 감량은 탈수증상 때문이다. 이뇨제 역시 수분 손실을 가져오는데, 이때 수분 손실은 소화관에서가 아니라 신장에서 일어난다.

소수의 대식증 환자들은 다른 방법에 의존하는데, 과량의 열량을 제거하기 위해 지나친 운동을 한다든가 굶는 등의 방법을 사용하며, 폭식과 비폭식 방법을 동시에 사용하는 경우도 간혹 있다. 그러나 구토를 한다고 해서 폭식을 통해 얻은 열량을 모두 밖으로 끄집어내는 것은 아니다. 3,530kcal의 폭식 후에는 보통 1,209kcal가 그대로 남는다.

| 3 | 대식증의 신체증상

쏟아내기 행동은 건강을 위협하는 가장 위험한 행동이다. 구토를 하면 위산이 구강 안까지 올라오게 되는데, 잦은 구토는 소화관에 영향을 주어 충치를 유발하고 구강과 입술에 쓰라린 통증을 가져오며, 턱과 침샘이 붓고, 식도에 통증이 오며 식도의 염증을 유발할 뿐 아니라 위의 기능에 변화를 가져온다. 또한 구토를 하려고 힘을 주는 과정에서 얼굴의 혈관이 파열되기도 하며, 전해질의 불균형, 탈수, 근육 약화와 월경 불순 등을 유발하기도 한다. 하제와 이뇨제의 남용은 탈수와 전해질 불균형을 초래할 수 있으며 하제를 남용하면 직장의 출혈이 생길 수도 있다.

| 4 | 치료

신경성 대식증을 가진 환자들의 치료 목표는 음식 섭취를 감정이나 성공과 관련지어 생각하는 것을 중지시키며, 배고픔과 포만감에 대응하여 음식을 먹을 수 있도록 도와주는 것이다. 이때 심리상담 치료와 영양 치료도 필요하고, 항우울증 치료는 폭식의 횟수를 줄이는 데 효과적이다. 치료는 특히 증상이 초기일 때 더욱 효과적이다. 그러나 이런 증상을 보이는 환자들 중 일부는 생애주기 내내 만성적인 문제로 남게 된다.

05 신경성 폭식장애

기타 섭식장애 중 하나인 신경성 폭식장애는 가장 흔한 섭식장애이다. 거식증이나 대식증과는 다르게 신경성 폭식장애는 남성에게는 흔히 나타나지 않으며 보통 과체중인 사람에게서 나타난다. 신경성 폭식장애를 갖고 있는 사람들은 반복적인 폭식을 하지만 구토, 금식, 지나친 운동 등 쏟아내기 행동을 규칙적으로 반복하지는 않는다. 신경성 폭식장애는 당뇨를 포함한 비만, 고혈압, 고콜레스테롤, 담낭질환, 심장질환과 특정 암 등을 동반하는 질병들이 합병증으로 나타난다. 신경성 폭식장애의 치료는 폭식을 감소시키는 행동 치료와 함께 신체상과 자기수용을 향상시키기 위한 상담, 체중을 감량하기 위한 영양식, 운동 등으로 이루어진다.

● **일기**

오늘 체중을 재보았다. 이럴 수가! 80kg을 넘어섰다. 이렇게 뚱뚱한 내가 혐오스럽다. 체중이 더 늘어난 것을 알게 되자 나는 수치심을 느꼈다. 내가 원하는 것은 이런 기분을 쿠키 한 상자와 아이스크림 한 통 속에 묻어버리는 것이다. 나는 왜 항상 음식이 이런 기분을 해소해 준다고 생각하는 것일까? 일단 먹기 시작하면 그만둘 수 없다. 결국 먹고 나면 더 우울해지고 죄책감을 느끼게 된다. 나는 항상 다이어트를 하지만 늘 통제하지 못하고 폭식하게 되어 다이어트를 길게 지속해 본 적이 없다. 나의 식습관과 체중이 건강하지 못하다는 것을 알고 있지만 그만둘 수 없다.

06 특정 집단에서의 섭식장애

거식증이나 대식증, 신경성 섭식장애가 10~20대 여성에게서 가장 흔하게 나타나지만, 섭식장애는 남성과 여성의 모든 연령대에서 발생한다. 임신기 여성에게서 합병증의 형태로 일어나기도 하며, 운동선수와 어린 아이들의 문제가 되기도 한다. 또는 당뇨병과 같이 영양적인 문제가 있는 질병을 가진 사람에게서 일어나기도 한다. 또는 특정한 집단과 일반적인 인구층에서 나타나는 섭식장애도 있다표 9-2.

표 9-2 기타 섭식장애들

섭식장애	특징	대상	결과
운동중독성 거식증	체중을 감소시키거나 매우 낮은 체중을 유지하기 위해 강박적으로 운동에 집착한다.	운동선수	더 심각한 섭식장애나 신장부전, 심장발작, 사망 등 심각한 건강 문제로 발전할 수 있다.
음식회피 정서장애	아이들이 먹는 것을 회피해 체중 감소가 일어나며 거식증의 신체 증후가 나타나는 면에서 신경증 거식증과 흡사하다. 그러나 왜곡된 신체상이나 체중 증가에 대한 공포심이 없다.	어린이	체중 감소, 체지방 감소, 영양 불량
식욕과다증 (근육부전 공포증 또는 역 거식증)	발육 불충분에 대한 강박관념이 있다. 적절한 근육량을 갖고 있음에도 불구하고 자신의 근육이 적절하지 않다고 생각한다.	보디빌더와 운동관, 여서보다 남성에게 흔하다.	스테로이드나 근육강화약물을 복용할 경우 위험할 수 있다.
신체 변형장애	신체와 외모의 결점에 대해 강박관념을 갖고 있다.	여성과 남성 모두에게서 나타난다.	우울증과 자살 위험도가 증가한다.
씹고 뱉어내기	음식을 입에 넣어 맛을 보고 씹은 후 뱉어낸다.	다른 섭식장애를 가진 사람들	음식을 삼키지 않기 때문에 굶는 다이어트에서 나타나는 증상을 보인다.
야간식이 증후군	하루 중 대부분의 열량을 저녁 늦게나 밤에 먹는다.	비만인 성인과 스트레스를 겪는 사람들	비만
수면 중 섭식장애	자는 동안 먹는다. 보통 아침에 일어나면 사탕 껍질이 주변에 흩어져 있지만 무슨 일이 일어났는지 기억나지 않는다.	인구의 1~3%에서 나타나며, 섭식장애를 가진 사람들은 더 영향을 받기 쉽다.	비만, 질식이나 기타 상해

섭식장애	특징	대상	결과
웰빙식 증후군	건강에 이롭다고 생각하는 음식 섭취에 대한 강박관념. 음식의 양이 아닌 질에 집착한다.	특정집단이 없다.	대인관계에 해롭다.
이식증	먼지, 진흙, 페인트칠, 회반죽, 분필, 커피가루나 재 등을 먹거나 먹고 싶은 욕망이 있다.	심리적 장애와 발달장애를 갖고 있는 임신 여성, 어린이, 성인 또는 음식이 아닌 물질을 먹는 습관을 가진 가족이나 인종에 속하는 사람들, 이물질을 먹어서 허기를 채우려고 하는 사람들	무기질 결핍증, 소화관 천공, 소화관 감염
되새김 증후군	먹고 삼킨 후 음식을 구강으로 다시 게워내어 다시 씹고 삼킨다.	정신적, 정서적 손상을 입은 유아나 성인	호흡과 소화장애, 갈라진 입술, 치아 에나멜층과 구강의 조직 손상, 음식에 대한 열망부터 폐렴과 체중 감소, 발달장애(어린이), 전해질 불균형과 탈수를 일으킨다.
선택전 섭식장애	이러한 장애를 가진 어린이들은 음식을 조금밖에 먹지 않는데 대부분이 탄수화물이다.	어린이	영양 불량

| 1 | 남성의 섭식장애

남성의 거식증과 대식증, 신경성 섭식장애 발병률은 여성보다 훨씬 낮은데, 이는 남성은 날씬해져야 한다는 사회적인 압박이 덜하기 때문이다. 여성들은 친구들과 연인에게 매력적으로 보고 학교와 직장에서 성공하기 위해서 날씬해져야 한다고 생각하지만, 남성들은 강하고 힘이 있어 보여야 한다고 생각함에 따라 남성들의 이상은 V자 형태의 근육질 상체와 적절한 체중, 적은 체지방이다. 사회적인 기대치의 이러한 차이는 처음으로 '뚱뚱하다고 느껴' 다이어트를 시작하는 시점의 남성과 여성의 BMI(체질량지수)에서도 반영된다. 섭식장애로 발전하는 여성들은 보통 BMI가 정상 범위에 있을 때에 자신이 뚱뚱하다고 느끼고 다이어트를 시작하는 반면, 섭식장애로 발전하는 남성들은 보통 BMI가 과체중 범위에 이른 후에야 다이어트를 시작한다. 섭식장애가 시작되는 연령도 남성이 여성보다 높다.

그러나 남성의 섭식장애는 계속 증가하고 있다. 이것은 이상적인 남성 체형을 만들어야 한다는 압박이 증가하기 때문이다. 오늘날 남성들을 겨냥한 광고는 잘 발달한 복부와 가슴 근육을 강조한 노출 장면을 많이 내보내고 있다그림 9-4. 바비인형이 젊은 여성들에게 비현실적인 기준을 만들었듯이, 장난감과 슈퍼 영웅, 만화나 대중매체가 젊은 남성들에게 실현하기 불가능한 기준을 만들고 있는 것이다. 전형적인 수퍼 영웅이 되기 위해서는 평균적인 건강한 남성은 키가 50cm 더 커야 하며, 가슴둘레는 28cm, 목둘레는 20cm가 더 넓어져야 한다.

남성들은 아동기에 비만이었거나, 다이어트 중이거나, 날씬함을 요구하는 스포츠 또는 직업에 관련되어 있거나, 동성애자일 때 섭식장애를 앓게 될 위험이 증가한다. 섭식장애에 의한 신체 증상은 남성과 여성에게서 비슷하게 나타난다. 여성과 남성 모두 뼈가 손실되지만, 남성은 여성에 비해 뼈 손실의 심각성이 덜하다. 또한 테스토스테론 수치가 점점 낮아져 성적 욕구가 저하된다. 섭식장애를 갖고 있는 남성들도 여성들과 마찬가지로 성격장애를 보이므로 섭식장애를 갖고 있는 남성들은 회복을 위해 전문적인 도움을 받아야 한다. 치료결과는 남성과 여성에게서 비슷하다. 그러나 남성들은 치료받으려고 하지 않는데, 그들은 '여성 질병' 을 가지고 있다고 취급받기를 원치 않기 때문이다.

그림 9-4 날씬한 여성상이 여자들에게 성취하기 힘든 것과 마찬가지로 이상적인 남성의 신체상 역시 성취하기 힘들다.

| 2 | 임신기의 섭식장애

섭식장애는 20대 여성들에게서 흔한데, 이때는 많은 사람들이 결혼을 생각하는 시기이므로 섭식장애가 월경주기에 영향을 주게 되면 불임을 유발할 수 있다. 물론 섭식장애를 갖고 있는 여성들도 임신할 수 있는데 임신 기간 중 무엇을 얼마나 많이 먹느냐가 자신의 건강과 출산 전후의 아기의 건강에 영향을 준다. 임신은 간과 심장, 신장장애 등 섭식장애를 악화시키는 다른 질병을 일으킬 수도 있는데, 섭식장애를 가진 임신 여성은 출산 실패, 조산, 저체중아 또는 선천적인 기형아를 출산할 확률이 높아진다. 섭식장애를 가진 여성에게서 출산된 아이들은 성장과 발달이 느린 경향이 있으며, 지성적이나 감정적으로 뒤쳐져 쉽게 자립하지 못한다. 또한 다른 사람들과의 관계를 유지할 수 있는 사회적인 발달에도 어려움을 겪는다.

임신 기간 중에 더 흔히 발생하는 섭식장애가 이식증(pica)이다. 이것은 영양학적 가치가 전혀 없거나 음식이 아닌 물질을 먹고 싶은 비정상적인 욕구를 말하는데, 주로 먼지, 진흙, 분필, 페인트, 얼음이나 냉동고의 서리, 베이킹소다, 옥수수전분, 커피분말, 재 등을 먹는다. 임신 기간 중의 이식증은 매우 위험하다. 음식이 아닌 물질을 과량으로 섭취하게 되면 다른 식품의 섭취가 감소하고 특정 무기질의 흡수를 방해하게 되어 영양소의 결핍이 일어날 수 있고, 또한 이물질이 장을 막거나 천공을 일으킬 수 있으며, 독성 물질이나 해로운 박테리아를 포함하고 있을 수도 있기 때문이다.

| 3 | 어린이의 섭식장애

섭식장애는 어린이에게서도 일어나지만 어린이의 섭식장애는 알아차리기가 쉽지 않다. 대부분의 어린이들이 발달 과정 중 매우 까다로운 식행동을 보이는 시기가 있기 때문이다. 그러나 까다로운 정도가 극심해지고 성장이 저해되고 있다면 섭식장애가 원인일 수 있다. 이 장애는 매우 한정된 식품만 섭취하거나 일반적으로 음식을 먹지 않으려는 형태로 나타난다표 9-2. 청소년기의 발병률보다는 매우 낮지만 13세 이하의 어린이에게서 거식증이 발생하기도 하는데, 어린이들도 음식과 체중에 관한 문화적인 평가에 노출됨에 따라 발병률이 증가하고 있으며 남자아이들보다 여자아이들이 더 큰 영향을 받는다. 13세 이하 여자아이의 거식증 진단은 쉽지 않다. 아직 월경을 시작하지 않았고, 성장이 느려졌기 때문에 예상 체중을 계산하는 것이 어렵기 때문이다.

거식증을 갖고 있는 어린이들은 완벽주의자에 가깝고 성실하며 부지런하다. 또한 체중 감소, 음식 기피, 음식과 열량에 대한 걱정, 살찌는 것에 대한 두려움, 지나친 운동, 구토유도, 하제의 남용 등 비슷한 증상을 나타낸다. 체중 감소와 함께 일어나는 또 다른 신체 변화로는 솜털이 자라는 증상, 저혈압, 느린 심장박동, 모세혈관 순환장애, 손발 냉증, 성장 지연이나 정지 등이 있다. 또한 골밀도가 감소할 수 있으며 뼈의 성장이 지연되고, 비타민과 무기질 결핍이 흔하게 일어난다.

거식증을 가진 어린이들의 예후는 다양하다. 치료 효과가 없으면 영양부족으로 인해 심장과 순환장애 등 신체 합병증이 발생하기 쉽고 성장에도 악영향을 미친다. 만약 치료에 의해 정상적인 식습관을 회복하게 되면 정상적으로 성장할 수 있다. 그러나 치료가 되지 않으면, 무월경증, 성장지연, 불임, 골다공증 같은 합병증이 일어날 수 있다.

| 4 | 운동선수의 섭식장애

운동선수들은 섭식장애의 발생률이 높다. 남성 운동선수보다 여성 운동선수에게서 더 많이 발생하며, 발레나 댄스, 피겨 스케이팅, 체조, 육상 경기, 수영, 사이클, 조정, 레슬링, 승마처럼 마른 몸을 요구하거나 체중을 조절해야 하는 스포츠의 경우에 더 많이 나타난다그림 9-5.

신경성 거식증과 대식증이 모두 발생하는데 거식증의 특징인 장기간의 금식은 심각한 건강 문제를 초래할 뿐만 아니라 운동 성취도 역시 감소시킨다. 반면 금식은 심장박동 이상, 저혈압, 심근 위축 등을 초래한다. 운동선수들에게서는 거식증보다 신경성 대식증이 흔하게 나타나는데, 이는 운동선수가 제한식이를 감당하기 어렵고 허기를 참을 수 없어 시작되며 결국 폭식으로 이어진다. 대식증과 관련된 합병증의 대부분은 쏟아내기 행동 때문에 생긴다. 쏟아내기 행동은 수분 손실과 저칼륨을 유발하며, 이것은 극도의 허약뿐 아니라 때때로 죽음에까지 이르게 하는 심장박동 이상의 원인이 된다.

그림 9-5 체조와 같은 스포츠에서 작고 가벼운 몸이 갖는 이점은 운동선수들이 날씬해지기 위해 다이어트를 하게 되는 동기가 되며, 이것은 섭식장애를 일으킬 수 있는 잠재성을 갖는다.

4-1 운동중독성 거식증

운동중독성 거식증이라고 하는 강박관념적인 운동은 운동선수들에게 특징적으로 나타나는 섭식장애의 한 유형이다. 이것은 음식과 별관계가 없지만 섭식장애로 분류한다. 운동중독성 거식증 환자는 열량을 소비할 목적으로 강박적으로 운동을 하지만 여전히 부족하다고 생각하며 고통을 성취의 표시로 받아들인다. 몸의 상태가 좋지 않을 때에도 억지로 운동을 하며, 자신의 운동량을 채우기 위해 사람들과의 사교적 행사 등에 불참하기도 한다. 이들은 흔히 얼마나 많이 먹었느냐에 기초해 운동 목표를 계산한다. 또한 운동 기간 중 휴식은 체중 증가를 초래하고 운동 성취도에도 악영향을 미친다고 믿고 있다. 강박적인 운동은 거식증과 대식증 같은 더 심각한 섭식장애는 물론 신부전, 심장발작, 사망 등 위험한 건강 문제를 초래할 수 있다.

4-2 여자 운동선수 3대 증후군

섭식장애를 가지고 있는 여자 운동선수는 여자 운동선수 3대 증후군이라고 하는 장애 증후군의 위험에 처하게 된다. 식이장애, 무월경, 골다공증 증상이 나타나는데, 이 세 가지 증상은 모두 연관성이 있다. 섭식장애로 인한 지나친 열량 제한은 기아 상태와 비슷한 신체 상태를 만들며, 이것이 월경불순을 초래한다. 심한 운동도 열량 요구량을 증가시키고 호르몬 변화를 일으켜 월경주기에 영향을 줄 수 있으며, 열량 제한과 심한 운동이 복합적으로 작용하면 무월경증을 초래한다. 무월경증과 관계된 에스트로겐 농도의 저하는 칼슘 평형을 저해하여 골질량과 뼈의 무기질 농도의 감소를 일으킨다. 칼슘 섭취 불량(여자 운동선수와 여성들에게서 흔하다)은 뼈 손실을 초래하고 최대 골질량에 도달할 수 없게 함으로써 골절 위험을 증가시킨다.

07 섭식장애의 예방과 치료법

섭식장애의 발병률과 섭식장애로 인한 사망률을 감소시키기 위해서는 다양한 단계의 조치를 취해야 한다. 우선은 위험 상황에 있는 사람을 찾아내야 하는데, 초기 치료는 더 심각한 섭식장애로 발전하는 것을 막을 수 있기 때문이다. 하지만 무엇보다도 섭식장애를 유도하는 사회적인 태도에 변화가 일어나야 한다.

| 1 | 위험의 자각

섭식장애를 예방하기 위해서는 우선 위험도를 증가시키는 요인을 찾아내는 것이 중요하다. 체중에 대한 지나친 관심, 체중에 집착하는 친구, 체중 때문에 동료들에게 놀림을 받는 일이나 가족과의 문제 등은 섭식장애를 일으키는 원인을 제공한다. 부모의 비난과 아이들의 체중 집착 사이에도 연관성이 있고, 다이어트도 위험도를 증가시킨다. 다이어트를 하는 소녀들이나 여성들은 다이어트를 하지 않는 사람들에 비해 섭식장애를 일으킬 위험이 18배에 달하며 다이어트를 하는 어머니와 자매, 친구를 가진 사람들도 위험도가 높다. 날씬해져야 한다는 압박을 주는 대중매체에 노출되는 것도 섭식장애의 발달과 연관이 있다.

| 2 | 친구나 가족으로부터의 도움

첫 증상이 발견되었을 때 의사나 정신건강 전문가의 평가를 받아보는 것은 장애를 예방하는 데 크게 도움이 된다. 또한 10대의 아이들에게는 부모가 중요한 역할을 할 수 있다.

일단 섭식장애로 발전하면 스스로 치료는 불가능하다. 이들이 의학적인 치료와 심리적인 치료를 받을 수 있도록 도와주는 것은 심각한 신체 이상을 막을 수 있는 방법이다. 그러나 섭식장애를 가지고 있는 친구나 가족으로 하여금 치료받도록 설득하는 것이 쉬운 일은 아니다. 섭식장애를 가진 사람들은 그들의 행동을 잘 감추며, 문제를 인정하지 않기 때문에 누군가가 자신의 비밀을 발견하게 되면 충격을 받게 된다. 따라서 이들을 도우려고 할 때는 그들이 원치 않는 일을 강요하는 것이 아니라는 점을 확실히 해야 한다.

| 3 | 섭식장애의 발생을 감소시키는 방법

섭식장애는 치료보다 예방이 쉽다. 가장 효과적인 예방은 사회적인 중재에 의한 것으로 체중과 관련된 놀림을 중지하고 동료와 가족들이 비난을 하지 말아야 한다. 또한 대중매체가 보여주고 있는 비현실적으로 마른 신체상을 바꿀 수 있다면 섭식장애도 감소할 것이다. 단, 이러한 해결책으로 섭식장애를 완전히 해결할 수는 없겠지만 섭식장애의 증상과 합병증에 대한 학교와 공동체에서의 교육은 사람들로 하여금 친구나 가족 중 위험이 있는 사람을 찾아내어 초기에 치료를 받을 수 있도록 도움을 줄 수 있을 것이다.

10

식물화학물질

Ⅰ. 현대 음식에 있는 식물화학물질

1. 카로티노이드
2. 플라보노이드
3. 인돌과 알리움
4. 식물 에스트로겐과 다른 식물 호르몬들

Ⅱ. 식물화학물질이 풍부한 음식 선택

1. 과일과 채소 많이 먹기
2. 50% 도정곡식을 통곡식으로 바꾸기
3. 식물성 단백질 선택하기
4. 식물화학물질 보충제는 어떤가?

식품에는 영양소로 인정받지 않았지만 건강을 증진시키거나 질병의 위험을 경감시키는 물질이 포함되어 있다. 수 세기 동안 민간요법에서는 이런 식품들이 사용되어 왔다. 요즈음에는 다양한 식품 구성분이 갖는 유익한 효과들을 더 많이 발견하고, 특정 식품의 소비와 건강 사이의 관계를 탐구하고 있다. 기본적인 영양 성분 외에 건강에 유익을 주는 식품들을 기능성 식품이라고 하는데, 이런 식품에서 특정 건강증진 물질의 많은 부분이 확인되었다. 식물성 식품에서 발견되는 물질을 식물화학물질(phytochemicals)이라 하고, 동물성 식품에서 발견되는 물질을 동물화학물질(zoochemicals)이라고 한다.

기능성 식품의 몇 가지 예와 기능성 식품들이 줄 수 있는 잠재적 유익을 표 10-1에 모아 놓았다.

표 10-1 기능성 식품이 주는 유익

기능성 식품	주요 성분	잠재적 유익
통곡류 가공품	섬유소, 리그난, 식물 에스트로겐	암과 심장질환 발병 위험 감소
오트밀	β-글루칸, 수용성 식이섬유	혈중 콜레스테롤 감소
포도주스	페놀류	심혈관의 강화
녹차 또는 홍차	탄닌, 카테킨류	암 발생 감소
등푸른 생선	오메가-3 지방산	심장질환 감소
콩	식물에스트로겐, 콩단백	암과 심장질환 위험 감소, 폐경증상 감소
마늘	유기황 함유물	암과 심장질환 위험 감소
시금치, 케일, 녹색 채소	루테인, 지아잔틴	노화에 따른 시력 감퇴 감소
견과류	단일 불포화지방산	심장질환 감소

01 현대 음식에 있는 식물화학물질

식물화학물질은 식물에서 발견되며 생물학적으로 활성있는 비영양적 화학물질들이 수백 가지 혹은 수천 가지일 수 있다. 식물화학물질은 식물 자체에 유익한 기능이 있다. 예를 들면, 양파와 마늘의 화합물들은 곤충들로부터 식물 자체를 보호하는 천연살충제이므로 정원사들은 이런 식물을 주변에 심어서 공격받기 쉬운 다양한 식물들을곤충의 침입으로부터 보호한다. 대부분의 식물화학물질은 인체 건강에 영향을 주지 않거나 혹은 건강을 증진시키기도 하고 몇 가지는 독성이 있을 수도 있다.

예를 들면, 콩과 차에 있는 식물화학물질은 악성종양의 성장을 저해한다고 한다. 반대로 대황잎에 들어 있는 화학물질은 입과 목의 타는 느낌, 복통, 구토, 설사, 메스꺼움에서부터 혼수, 경련, 심혈관 붕괴로 인한 죽음에 이르기까지 광범위한 증상을 일으킬 수 있다그림 10-1.

우리 식사에 들어 있는 식물화학물질은 다양한 방법으로 건강에 도움을 준다. 예를 들면, 카로티노이드 같은 것들은 항산화제이고, 그 외 다른 것들은 체내 천연물질과 구조 혹은 기능이 유사하기 때문에 유익을 준다. 식물 에스트로겐은 호르몬과 구조가 유사해서 호르몬의 작용을 억제하거나 유사한 작용으로 영향을 준다. 식물 스테롤은 콜레스테롤과 구조가 유사해서 소화기관에서 콜레스테롤 흡수와 경쟁을 일으킨다. 이것이 콜레스테롤 흡수를 감소시키고 심혈관질환의 주요 위험 인자인 혈중 콜레스테롤 수치를 낮추어 준다. 어떤 식물화학물

그림 10-1 식물에 들어 있는 모든 화학물질이 건강에 유익한 것은 아니다. 대황식물의 잎에는 독성이 있는 반면, 대황의 줄기는 독성이 낮고 먹기에 안전하다. 1차 세계 대전 중 영국에서는 전쟁으로 인해 채소를 먹을 수 없게 되자 대황잎을 채소의 대체물로 먹었다. 이로 인해서 많은 경우에 급성 독성중독 증상을 보였고, 심한 경우에는 죽기까지 했다.

질은 체내방어체계를 자극한다. 설파이드와 이소티오시아네이트는 발암물질의 활성을 억제하는 효소의 활성을 촉진한다. 다른 식물화학물질들은 세포들이 의견을 교환하는 방식을 바꾸게 하거나 DNA 치유 메커니즘에 영향을 주고 혹은 암 세포 발현 과정에 영향을 주어 건강을 증진한다. 여기에서 언급되는 식물화학물질은 우리 식품에서 발견되는 것들 중 일부이다.

| 1 | 카로이티노이드

노란 오렌지색을 띠는 당근, 고구마, 호박, 망고는 카로티노이드가 포함되어 있다. 노란 오렌지색이나 붉은색 과일, 초록색 잎사귀 식물은 카로티노이드의 공급원이며, 카로티노이드색은 엽록체의 초록색 때문에 겉으로 드러나 보이지 않는다. 카로티노이드가 들어 있는 과일과 채소를 많이 섭취하는 것은 암, 심혈관질환, 노화 관련 눈 질병의 위험률 감소와 관계가 있다.

그림 10-2 토마토의 붉은 빛깔은 카로티노이드 라이코펜에 의한 것이다. 높은 온도로 가열하여 통조림으로 가공하면 일부 비타민이 파괴되지만, 통조림으로 만들어진 토마토 제품에서의 카로티노이드 라이코펜의 생물학적 이용가능성은 증가한다.

카로티노이드는 항산화 특성을 갖는 식물화학물질이다. 가장 널리 알려진 카로티노이드에는 β-카로틴, α-카로틴, β-크립토잔틴, 라이코펜, 루텐, 지잔틴이 포함되어 있다. β-카로틴이 가장 널리 알려져 있고 가장 강력한 비타민 A 활성을 갖고 있으나, 다른 카로티노이들에 비해 항산화제 효과는 적은 편이다. 토마토에 붉은색을 띠게 하는 라이코펜은 비타민 A 활성을 주지는 않으나 다른 카로티노이드들에 비해 보다 강력한 항산화제이다그림 10-2. 루테인과 지잔틴은 눈의 망막 주요 부분인 흑점에 축적된 항산화제이다. 이것을 많이 섭취하면 실명의 원인인 망막의 퇴화, 즉 황반변성으로 인한 시력감퇴의 위험을 감소시킨다고 한다.

| 2 | 플라보노이드

플라보노이드는 과일, 채소, 와인, 포도주스, 초콜릿, 차 등에 들어 있다. 플라보노이드 중에서 대부분을 차지하는 안토시아닌은 블루베리, 라즈베리, 붉은 양배추에 파란색과 붉은색을 띠게 하며 다른 형태는 감자, 양파, 오렌지 껍질에 연한 노란색을 띠게 한다. 이들 화합물은 강한 항산화제로서 암과 심혈관질환을 예방한다. 감귤류는 혈전을 억제하고 항산화제, 항염증성, 항암 특성을 갖는 약 60가지의 플라보노이드를 포함하고 있다.

| 3 | 인돌과 알리움

브로콜리, 콜리플라워, 브루셀스프라우트, 양배추 같은 십자화과 채소들, 겨자와 콜라드 같은 녹색 채소는 특히 유황을 포함한 식물화학물질의 급원 식품이다. 이들은 발암 물질의 독성을 제거하는 효소의 활성을 자극한다. 브로콜리에 들어 있는 식물화학물질인 슬포라판은 특히 이들 효소 체계의 활성을 도와주는 데 효과적이고 동물실험에서 유방암 발병을 억제하였다. 십자화과 식물은 또한 인돌을 포함하고 있는데, 인돌은 에스트로겐 호르몬을 불활성화시킨다. 에스트로겐의 과도한 작용은 암의 위험을 증가시키는 것으로 알려져 있다. 그러므로 인돌은 에스트로겐의 작용을 감소시켜 암으로부터 보호한다.

그림 10-3 마늘과 양파는 유황을 포함하는 식물화학물질이 많아 암을 예방하고 혈중 콜레스테롤을 저하시키는 데 도움을 준다.

알리움이라 불리는 유황화합물은 마늘, 양파, 파, 차이브, 서양파(샬롯)에 들어 있으며 암세포 파괴효소체계의 활성을 도와준다그림 10-3. 또한 이들 화합물은 소화관에서 질산염을 아질산염으로 전환시켜 발암물질을 형성하도록 하는 박테리아의 작용를 방해한다.

| 4 | 식물 에스트로겐과 다른 식물 호르몬들

인체의 호르몬은 체내 대사 과정을 조절하고 체내가 항상성을 유지하도록 도움을 준다. 식물들도 역시 호르몬을 가지고 있어서 이를 섭취하였을 때 인체가 건강해지도록 영향을 줄 수 있다. 식물 에스트로겐은 암 세포가 발달하는 것을 방해하는 식물호르몬이며 인체 에스트로겐 호르몬 작용을 방해하여 건강에 도움을 주는 것으로 알려져 있다. 식물 에스트로겐에는 이소플라본과 리그닌이 포함되어 있다. 이들 분자들은 소장 내 미생물에 의해 변형되어 구조적으로 에스트로겐과 유사한 물질을 형성한다. 세포에서 에스트로겐 수용체에 이 변형된 물질이 덮어 씌어져 에스트로겐 기능을 막아준다고 한다. 이소플라본은 대두, 아마씨, 보리에 있으며 이들은 암뿐 아니라 골다공증도 예방한다. 또한 폐경기에서 느끼는 전신열감 증상이나 기타 다른 증상을 완화하는 것으로도 알려져 있다.

아마씨에는 리그닌이 풍부하다. 리그닌 대사물은 에스트로겐과 구조적으로 비슷하고 에스트로겐이 촉진시키는 유방암 세포 성장을 억제한다.

표 9-2 식품에서의 식물화확물질

명명 또는 분류	식품 소재	생물학적 활성과 효과
카로티노이드: β-카로틴, α-카로틴, β-크립토잔틴, 라이코펜, 루텐, 지잔틴	서양자두, 당근, 멜론, 토마토, 고구마, 브로콜리, 시금치와 녹색 채소	어떤 것은 비타민 A로 전환, 항산화 보호작용, 시력 감퇴 위험 감소
플라보노이드: 플라보놀(퀘세틴, 카엠프페롤, 미리세틴), 플라본(아피제닌), 플라본(카테킨), 안트로사이아니딘(사아니딘, 델피니딘)	딸기류, 감귤류, 양파, 마가린, 자주색 포도, 녹차, 레드와인, 초콜릿	모세관 강화, 발암물질 방해, 암 세포 성장 지연
식물 에스트로겐: 리그닌, 이소플라본(제니스틴, 바이오카닌 A, 다이드제인)	두부, 두유, 콩, 아마씨, 귀리빵	에스트로겐 유사 효과, 암 세포 사멸, 암 세포 성장 지연, 혈중 콜레스테롤 감소, 골다공증 위험 감소
식물 스테롤: β-시토스테롤, 스티그마스텔롤, 캄페스텔로	견과류, 씨, 콩류	콜레스테롤 흡수 감소, 암 세포 성장 지연으로 대장암 위험 감소
캡사이신	매운 고추	형액 응고 조절
글루코시노레이트, 이소티오시아네이트, 인돌	브로콜리, 부루셀스프라우트, 양배추	발암물질을 불활성화시키는 효소 활성 증진, 에스트로겐 대사 변경, 유전자 발현 조절에 영향
설파이드와 알리윰화합물	양파, 마늘, 파, 차이브	발암물질 불활성화, 박테리아 사멸
이노시톨	참깨, 대두	유리 라디칼로부터 보호, 암으로부터 보호 작용
사포닌	콩류와 허브	콜레스테롤 흡수 감소, 암 위험 감소, 항산화제
엘라직산	넛트류, 포도, 딸기	항산화 작용, 위에서 발암물질의 형성 방해
탄닌, 카테킨	차, 적포도주	항산화제, 암으로부터 보호
커쿠민	심황, 겨자	발암물질 형성 감소, 항산화제, 항염증성
설포라파네	브로콜리, 다른 십자화과 채소	발암물질의 독성 제거, 동물실험 시 유방암으로부터 보호
리모넨	감귤류 껍질	암 세포 성장 방해

초콜릿은 좋은 식품이라고 하기도 하고 해로운 식품이라고 하기도 한다. 미국에서는 초콜릿 산업체가 1년에 초콜릿으로 50억 달러 어치를 판매하고, 스위스에서는 1년에 1인당 9.5kg의 초콜릿을 소비한다. 초콜릿 섭취를 억제할 수 없게 하는 이유는 무엇인가?

초콜릿은 테오브로마(Theobroma) 코코아나무의 씨로부터 생산된다. 이 나무는 적도의 10~20℃ 안에서만 자란다. 코코아 콩은 크리스토퍼 콜럼버스가 1502년에 처음으로 발견한 후, 그의 아들 페르디난드와 신대륙 정복자 코르테즈와 다른 스페인 탐험가들에 의해 유럽으로 전파되었다. 메이안 인디언들은 코코아 콩과 칠리를 갈아 만든 카카오라 불리는 음료를 먹었다. 이 음료는 설사와 이질을 치료하는 데 쓰였고 최음제로도 쓰였다. 스페인에서는 카카오음료에 칠리를 없애고 설탕을 첨가했다. 스페인 왕가에서 먹었던 음료였지만 산업혁명 전까지는 유럽에서 그리 널리 이용되지 않았다. 미국에서 처음으로 생산된 초콜릿은 1765년 매사추세츠만 식민지에서였다.

오늘날 우리가 소비하는 초콜릿은 코코아 콩에서 꼬투리를 제거하고 이를 발효시킨 후, 로우스팅(roasting)을 거쳐 단단한 겉껍질을 제거하고 남은 코코아 콩으로 만든 것이다. 씁쓸한 초콜릿은 제과제빵용으로 사용된다. 우리가 먹는 초콜릿은 초콜릿 액에 설탕과 코코아버터를 첨가하여 만든 것이다. 코코아버터는 초콜릿 액에 들어 있는 지방이다. 또한, 우유를 첨가하여 밀크초콜릿으로도 만들어 먹는다.

초콜릿은 기분을 좋게 해주는 여러 화학적 화합물들이 들어 있다. 아난다미드(anandamide)는 자연발생적으로 뇌에서 만들어진다. 초콜릿에는 아난다미드가 포함되어 있을 뿐 아니라 아난다미드가 분해되는 것을 감소시키는 화합물이 있어 기분 좋은 효과를 오래 지속되도록 한다. 또한 초콜릿에는 페닐에틸아민이 들어 있는데, 이 물질은 각성제와 비슷해서 혈압과 혈당을 상승시키고 민첩함과 만족감을 느끼게 한다. 카페인과 관련 화합물인 테오브로마인과 메틸잔틴은 초콜릿의 작용 효과를 높여주며, 초콜릿 안의 카페인 양은 3~28mg/30g으로 커피의 카페인 양인 65~150mg/30g에 비해 적지만 테오브로마인과 메틸잔틴의 효과로 충분히 각성 효과를 느끼게 한다. 초콜릿 내 소량의 필수 무기질인 구리, 마그네슘, 철분, 아연은 기분을 좋게 하는 데 도움을 준다. 그러나 함께 먹게 되는 지방과 설탕은 어떻게 해야 하나? 초콜릿을 통해 섭취되는 에너지의 약 50%는 지방에서 얻게 되는데, 지방의 30%가 포화지방이다. 포화지방 중 많은 부분이 혈중 콜레스테롤 수준에 영향을 미치지 않는 스테아린산이 많다. 지방의 일부는 단일 불포화지방산인 올레인산이고 심장 건강에 유익하다고 한다. 그리고 초콜릿에는 심장질환과 다른 건강 문제에 대해 보호 효과를 갖는 항산화제가 들어 있다. 코코아 1인 분량에는 좀 더 많은 항산화 식물화학물질이 들어 있고 적포도주 1잔 또는 녹차 또는 홍차 1잔보다 더 높은 항산화 능력이 있다고 한다. 다크 초콜릿에는 플라보노이드가 풍부하게 들어 있어서 동맥의 기능을 개선하고, 심장병을 일으키는 혈소판 활성을 억제하고, 혈압을 낮추고, 인슐린 예민성을 개선하는 것으로 알려져 있다. 초콜릿 내의 탄수화물은 대부분 설탕이며 입 안에 산을 생성하는 박테리아의 성장을 도와 충치를 일으킨다. 그러나 초콜릿의 지방이 치아를 덮어 씌워서 충치를 만드는 플라그가 생성되는 것을 막는다고 한다. 초콜릿은 에너지 농축 식품으로 약 30g당 150kcal를 낸다. 에너지를 의식하는 소비자들은 식사로 부터 얻게 되는 에너지 외에 초콜릿으로 인한 에너지를 우려하여 초콜릿 섭취를 피하고 있다. 여드름과 초콜릿은 연관이 없다. 개인에 따라 타이로신에 예민한 사람은 두통을 일으키지만 영향을 받는 사람은 소수에 불과하다. 초콜릿에는 필수 미네랄과 항산화제가 있다. 이는 여드름을 일으키지도 않고 다른 당질 포함 식품보다 충치를 일으키지 않는다.

그렇다면, 초콜릿이 식사의 버팀목이 되어야 하는가? 대답은 아니다. 왜냐하면 영양소 농축 식품으로 불릴 수는 없기 때문이다. 그러나 적절하게 섭취한다면 건강에 좋은 효과를 볼 수 있으며 기능성 식품으로 생각될 수도 있다.

02 식물화학물질이 풍부한 식품 선택

식물화학물질의 섭취를 양적으로 권장하는 것은 불가능하므로 이 식물화학물질이 들어 있는 식품을 선택하도록 하는 것이 유익하며 식물화학물질이 들어 있는 식품 전체를 섭취하는 것이 단일 식물화학물질을 먹는 것보다 훨씬 의미가 있다. 예를 들어, 식물 스테롤, 대두, 아몬드, 귀리, 보리, 사일리움, 오크라, 가지 같은 식이섬유가 풍부한 식품을 많이 섭취하는 사람들은 혈중 콜레스테롤이 낮다. 혈중 콜레스테롤을 낮추기 위해 이들 식품을 섭취하는 경우 약물투여로 치료받는 것만큼이나 효과적이라 한다. 마찬가지로 아마씨, 십자화과 채소들,

과일, 채소들도 일반적으로 유방암, 대장암, 전립선암, 폐암과 기타 다른 암들의 발병 위험을 낮춘다고 한다. 표 10-3은 다양한 식물화학물질이 들어 있는 식품의 섭취를 증가시키는 제안이다.

표 10-3 식물화학물질 섭취를 증가시키기 위한 팁

• 매일 다섯 가지 색깔의 과일과 채소 섭취하기
• 매주 새로운 과일이나 채소 섭취 시도하기
• 요리에 허브류나 양념류 첨가하기
• 좋아하는 식사에 채소 첨가하기
• 디저트로 굽거나 말린 과일 먹어 보기
• 평소 먹던 채소량을 두 배로 늘려 보기
• 다진 마늘, 생강을 병에 담아 두어 요리에 쉽게 첨가하기
• 간식으로 통밀 크래커 먹기
• 보리나 밀을 반쯤 말렸다가 빻은 것을 캐서롤이나 스튜에 넣기
• 통밀빵, 현미, 미숫가루로 바꾸기
• 시리얼에 과일을 넣거나 달걀에 채소 첨가하기
• 두부를 입방체 크기로 썰어 달걀볶음요리에 넣어 먹기
• 샐러드에 견과류 뿌려 먹기

| 1 | 과일과 채소 많이 먹기

충분한 양의 과일과 채소를 먹도록 권장하는데, 2,000kcal의 식사를 하는 경우 2컵의 과일과 2.5컵의 채소를 먹도록 한다. '하루에 다섯 번' 의 메시지는 우리가 하루에 서로 다른 과일과 채소를 최소한 다섯 번 먹도록 하기 위한 것이다. 만약 무지개 색깔, 즉 진한 초록, 노란 오렌지색, 연한 노란색, 진한 빨강과 보라색 과일이나 채소들의 채소나 과일들이 들어 있다면 카로티노이드, 플라보노이드, 기타 다른 식물화학물질을 충분히 섭취하는 것이다그림 10-4.

그림 10-4 무지개 색깔을 지닌 과일이나 채소를 선택하여 섭취하는 것은 다양한 식물화학물질을 얻게 한다.

| 2 | 50% 도정곡식을 통곡식으로 바꾸기

사실상 통곡류 알갱이가 과일·채소보다 식물화학물질과 항산화제가 더 많은 것은 아니지만통곡류는 주식으로 많은 양을 먹기 때문에 많은 식물화학물질과 항산화제를 제공한다.

역학조사에서 통곡류 섭취는 암 발생, 심혈관질환, 당뇨병, 비만 발생을 낮춘다는 것이 밝혀졌다. 이런 건강을 증진시키는 특성들은 통곡류에 들어 있는 다양한 영양소들과 식물화학물질들의 상승효과에 의한 것이다. 섬유소 외에 통곡에는 피트산, 리그난 같은 식물 에스트로겐, 식물 스테놀, 식물 스테롤, 페놀이라 불리는 항산화제 식물화학물질이 풍부하다. 통곡 밀가루의 껍질이나 배아에는 전체 페놀, 플라보노이드, 루테인, 지아잔틴의 반 이상이 들어 있을 뿐 아니라 수용성, 지용성 황산화 활성의 80%를 가지고 있다. 이런 식물화학물질과 비타민은 껍질과 배아를 제거하여 흰 밀가루로 만들 때 손실된다.

| 3 | 식물성 단백질 선택하기

식물로 된 단백질 급원 식품을 식사로 섭취하면 건강을 증진시키는 물질의 양을 더 얻을 수 있다. 식물화학물질이 풍부한 대두와 아마씨는 식물성 단백질의 좋은 급원 식품이고 다른 콩과류, 견과류, 씨앗들은 섬유소와 식물화학물질의 기능을 높여 주는 고단백질 식품이다. 식이지침서와 식품 구성탑에서는 미국인들이 이런 고식물화학물질 단백질 급원 식품인 콩류, 완두콩, 견과류, 종실류를 좀 더 많이 섭취할 것을 권장하고 있다.

| 4 | 식물화학물질 보충제는 어떤가?

식물화학물질의 천연 급원 식품에 식물화학물질을 더 보충하거나 다른 식품에 식물화학물질을 강화시키고 있다. 예를 들어, 베네콜과 테이크 콘트롤(Benecol and Take Control) 같은 특별한 마가린에는 식물 스테롤을 첨가하여 혈중 콜레스테롤을 낮추게 한다. 또 어떤 오트밀 제품은 대두와 아마씨를 강화하여 판매하고 당근주스에 루테인을 첨가한다. 이런 식품들은 영양소와 약품 사이의 경계를 흐리게 하였다 하여 기능식품(nutraceutical)이라고 하거나 또는 특별히 건강에 유익하도록 디자인되었다 하여 디자이너식품(designer food)이라 부르고 있다.

식물화학물질 보충제나 식물화학물질 강화식품으로부터 얻는 특별한 이점이 있다 해도 식물화학물질이 풍부하게 들어 있는 천연식품으로부터 얻게 되는 모든 건강상의 이점을 다 얻게 되는 것은 아니다. 그 이유는 이 기능식품들에는 천연식품에 들어 있는 많은 식물화학물질 중 한 부분만이 들어 있기 때문이다. 덧붙여 말하자면 천연식품에 들어 있는 다양한 식물화학물질과 영양소 사이의 상호작용에 의해 이루어지는 건강에 좋은 많은 유익한 것들이 단지 한 가지 혹은 몇 가지로 보충되는 식물화학물질의 효과와는 비교되지 않기 때문이다. 결론적으로, 식품에 보충되거나 강화되는 양이 적기 때문에 기능식품들이 건강 증진에 주는 영향은 미미하다고 할 수 있다. 예를 들면, 라이코펜이 들어 있다고 광고하는 종합비타민에는 하루 1회 섭취량당 0.3mg이 들어 있다. 반면에 우리가 먹는 스파케티 소스 반 컵에는 약 20mg의 라이코펜이 들어 있다.

11

식이 보충제

현재, 보충제는 약 29,000여 종이 있으며 정제, 캡슐, 분말, 소프트젤, 액상 형태로 만들어져서 주로 통신판매, TV, 인터넷, 건강식품상점, 슈퍼마켓, 약국, 할인점 등에서 판매되고 있다. 대부분의 보충제에는 비타민과 무기질이 들어 있지만, 인기 있는 많은 식이 보충제에는 영양소로 분류되지 않은 물질이 함유되어 있다그림 11-1. 요즘 많은 사람들이 운동능력 향상, 체중 감소, 질병 치료와 예방, 노화 예방 등을 위해 식이 보충제를 먹고 있다.

식이 보충제 중 일부는 아미노산, 지방산과 같은 영양소를 함유하고 있는 것도 있고, 일부는 체내에서 만들어지므로 식이로 반드시 섭취할 필요가 없는 호르몬, 효소, 조효소와 같은 물질들을 함유하고 있는 것도 있다. 또 식물화학물질이나 약초와 같이 식물에서 추출한 물질을 함유하고 있는 것도 있다. 이러한 물질 중에는 그 이로운 효과가 과학적으로 증명된 것도 있지만, 더러는 의심스러운 것도 있으며, 이로움보다는 위험을 더 많이 가지고 있는 것들도 있다.

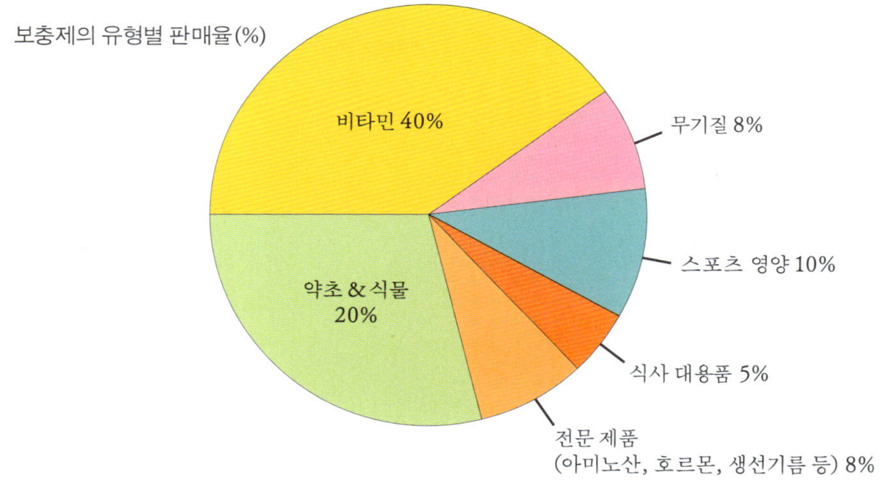

그림 11-1 인기가 많은 식이 보충제들은 영양소로 분류되지 않는 물질들을 함유하고 있다.

01 식이 보충제란 무엇인가?

전통적으로 식이 보충제란 필수 영양소를 가지고 있는 보충제로 고안된 제품을 말한다. 그러나 1994년 식이보충건강과 교육기관(DSHEA)에서 식이 보충제를 식사에 보충으로 섭취하는 제품으로 정의하였다. 식이 보충제는 비타민, 무기질뿐만 아니라 아미노산과 아미노산의 농축액, 대사산물, 구성 물질, 추출물, 약초, 식물, 식물에서 추출한 물질을 포함한다. 식이 보충제로 판매되는 제품에는 표준 라벨을 부착해야 하는데, 단지 보충제에 라벨이 붙어 있다고 해서 그것이 안전하다는 것을 의미하는 것은 아니다. 대부분의 식품과 달리, 식이 보충제에는 영양소가 농축되어 있을 수 있으며, 정상적인 식사에 들어 있는 양을 초과하여 들어 있는 경우, 특히 약을 복용하고 있거나 건강에 문제가 있는 사람에게 위험할 수 있다. 약과 달리 식이 보충제는 복용량이나 구성 성분이 엄격하게 규제되고 있지 않다.

| 1 | 식이 보충제 라벨

FDA 규정에 따르면, 식사에 보충으로 섭취하는 제품에는 라벨에 '식이 보충제' 라는 단어를 사용해야만 하며, '보충성분' 표를 표시해야 한다. 보충성분표는 권장되는 분량과 성분명, 1회 분량당 각 구성 성분의 양이 적혀 있으며, 1일 영양소 기준이 설정된 영양소는 윗부분에, 1일 영양소 기준이 설정되지 않은 식이 성분은 아랫부분에 적혀 있다.

보충제 라벨에 제품의 함량이 적혀 있긴 하지만, 제품의 품질은 보증하지 않는다. 보충제 제조 시 의무 기준이 없기 때문에, 품질 조절의 정도는 제조업자와 생산 공정에 관련된 사람에게 달려 있다. 그러므로 성분의 양과 체내에서 얼마나 잘 흡수될지는 양에 따라 달라질 수 있다.

| 2 | 식이 보충제의 규정

식이 보충제가 흔히 질병 예방과 치료의 목적으로 약처럼 이용되고 있지만, 약만큼 안전성이 엄격하게 규정되어 있지는 않다. 약은 대중에게 광고하고 판매되기 전에 FDA에 의해 정밀하게 테스트를 받아야 한다. 반면, 보충제 제조업자들은 제품을 안전하게 만들 책임이 있지만, FDA에 의해 테스트를 받지는 않는다. 만약 제품에 문제가 발생한다면, FDA는 제품을 판매 시장에서 철수하기 전에 제품이 위험성을 가지고 있다는 것을 입증해야 한다. 단 새로운 성분을 함유하고 있는 제품은 이 규칙에서 예외이며, 1994년 10월 15일 이전에 미국에서 판매되지 않았던 성분이 들어 있는 보충제는 어떤 것이라도 판매되기에 앞서 안전하다는 것을 입증하는 자료를 FDA에 제출해야 한다. 이 자료가 나오기 이전에 팔린 성분들은 역사적으로 사람들이 사용해온 것을 근거로 안전하다고 생각한다.

02 다량영양소 보충제

다양하게 균형 잡힌 식사는 건강한 사람에게 필요한 영양소를 충족시켜 준다. 일부 사람들은 자신이 식사로 충분한 영양소를 섭취한다고 생각하지 않기 때문에, 또는 질병 예방이나 운동능력 향상과 같은 효과를 기대하기 때문에 특별한 영양소가 들어 있는 보충제를 선택한다. 예를 들면, 운동선수들은 종종 탄수화물과 단백질 보충제를 사용한다. 탄수화물 보충제는 편리한 형태로 포장되어 있고, 소화관에서 빨리 흡수되어 근육에 포도당을 공급한다. 단백질 보충제는 일반적으로 분말, 음료의 형태이며 적절한 식사의 단백질로부터 얻을 수 있는 유익 그 이상은 주지 않는다. 또한 아미노산과 지방산은 질병 예방뿐만 아니라 운동능력과 신체 조성 효과에 대한 기대로 잘 팔리고 있다.

| 1 | 아미노산

아미노산 보충제는 운동선수와 다이어트를 하는 사람들 사이에서 인기가 높다. 이들이 아미노산 보충제를 섭취하는 이유는 아미노산 아르기닌, 오르니틴, 리신이 근육 성장을 향상시키는 성장 호르몬의 배출을 자극하는 것으로 알려져 있기 때문이다. 그래서 근육을 만들고 지방을 없애고자 하는 사람들에게 판매되고 있지만, 운동 전에 섭취한 아미노산 보충제가 성장 호르몬 방출을 증가시킨다거나, 운동만으로 얻어지는 그 이상의 체력이나 근육 무게를 증가시키는 것으로 나타난 보고는 아직 없다. 가지상 아미노산(루신, 이소루신, 발린)은 운동 중에 에너지원으로 사용되기 때문에 운동선수들에게 판매되고 있음에도 불구하고 보충제가 운동 능력을 향상시키는 것으로 밝혀지지는 않았다. 글루타민과 글리신 보충제 또한 운동선수들에게 팔리고 있지만 운동 능력을 향상시키는 것으로 증명되지 않았다. 아미노산은 수송계를 공유하기 때문에, 하나의 아미노산을 보충한다면 같은 수송계를 공유하는 다른 아미노산들의 결핍을 일으킬 수 있다.

| 2 | 지방산

생선기름과 아마씨로부터 얻은 오메가-3 지방산 보충제는 심장병의 위험을 줄이기 위해 섭취된다. 오메가-3 지방산은 심장병을 예방하지만, 보충제에 이러한 효과가 나타날 만큼 오메가-3 지방산이 충분히 함유되어 있지 않다는 과학적 증거가 있다. 아마씨유 보충제 역시 총 식이에 영향을 미칠 만큼 오메가-3 지방산을 충분히 제공할 것 같지는 않다. 일주일에 수 차례 생선을 먹고 아마씨를 가루로 빻아 곡류에 뿌려서 먹는 것이 더 좋은 선택이다. 기본적으로 매일 아마씨가 식품에 첨가된다면, 오메가-3 지방산의 섭취뿐 아니라 섬유소와 식물화학물질의 섭취도 증가할 것이다. 건강한 사람에게는 오메가-3 지방산을 함유하고 있는 보충제 섭취의 위험성이 작긴 해도 이 보충제가 혈액 응고를 방해하기 때문에 혈액을 묽게 하는 약을 복용하고 있는 사람에게는 권장되지 않는다.

03 체내에서 만들어지는 물질

신체의 정상적인 대사와 생리 기능에 필수적인 많은 분자들의 필요량은 체내에서 충분히 만들어지므로 식이로 꼭 섭취할 필요는 없다. 따라서 식이로 섭취하지 않아도 결핍 증상이 나타나지 않는다. 그럼에도 불구하고 이런 생물학적 분자로 된 많은 보충제가 신체의 기능을 향상시킨다며 팔리고 있다. 그러나 대부분의 이러한 보충제가 건강한 사람이나 영양이 좋은 사람에게는 유익한 효과를 거의 주지 못한다.

| 1 | 효소 보충제

효소는 단백질이며 정상적 기능에 필요한 효소는 체내에서 만들어진다. 다른 단백질처럼 보충제로 섭취된다면, 보충제는 소화관에서 아미노산으로 분해된다. 효소 단백질은 그 자체가 체내에 있는 세포에 도달할 수 없으므로 효소 보충제는 대부분 신체 기능에 영향을 거의 주지 않는다. 반면, 소화관에서 작용하는 소화효소는 예외이며, 소화효소는 분해되기 전에 기능을 수행할 수 있다. 예를 들면, 유당을 분해하는 효소인 락타아제는 유당불내증인 사람이 유당을 함유하는 식품과 함께 섭취할 때 이로울 수 있다. 락타아제는 소화관에 있는 유당을 분해하고 결국 락타아제 그 자체는 소화된다.

프로테아제, 리파아제, 아밀라제와 같은 효소와 파인애플에 함유된 효소 브로멜라인, 파파야의 열매에 함유된 효소 파파인과 같은 식물 효소들은 건강한 사람에게 소화를 증진시킬 목적으로 판매된다. 이 보충제의 광고는 식품에 원래 존재하는 소화효소는 가열 조리에 의해 파괴된다고 주장한다. 그러나 효소 보충제의 인기에도 불구하고 건강한 사람에게 보충제가 이롭다는 증거는 없다.

| 2 | 호르몬 보충제

호르몬은 인기 있는 보충제 성분이다. 성장 호르몬과 같은 단백질이나 펩티드 호르몬은 효소로서 다음과 같은 문제점을 가지고 있다. 호르몬은 단백질이므로 표적지에 도달하기 전에 소화관에서 분해되는데도 불구하고 구강 성장 호르몬 보충제가 팔리고 있는데, 근육 무게 증가, 체지방 감소, 체력 증강과 건강한 느낌이 들도록 한다고 주장한다. 그러나 체내에 활성 호르몬을 얻을 수 있는 유일한 방법인 성장 호르몬 주사조차 근육의 세기나 노화 속도에 큰 영향을 주지 않는 것으로 나타났다.

단백질이 아닌 호르몬은 체내로 흡수되고, 보충제는 신체 기능에 영향을 줄 수 있다. 멜라토닌은 뇌의 송과선에서 만들어지는 호르몬으로서 아미노산인 트립토판으로부터 합성되지만, 단백질이 아니며 소화관에서 흡수될 수 있다. 멜라토닌 보충제는 노화를 늦추고, 유리 라디칼 손상을 방지하며, 질병이나 시차로 인한 피로 감소를 위해 섭취된다. 노화 속도를 늦추거나 산화적 손상을 감소시킨다는 증거는 거의 없지만, 인체에서 멜라토닌 호르몬을 수면 주기에 이용하는 증거가 있다. 멜라토닌은 체내에서 멜라토닌의 생성이 감소하거나(노화에 따라), 정상적인 수면에 이상이 생기거나, 시차로 인해 각성 주기에 이상이 생기는 경우에 권고되는데, 멜라토닌 보충제가 수면의 지속과 질을 향상시킬 수 있기 때문이다. 또한 멜라토닌은 교대 근무로 일을 하는 사람들에게 수면의 질을 향상시켜줄 수 있다. 그러나 멜라토닌의 효능, 독성, 최적의 복용량, 투약 시기에 대한 장기간의 연구가 아직 부족한 실정이다.

멜라토닌처럼, 스테로이드 호르몬은 소화관에서 흡수된 후 혈류에 도달하여 기능에 영향을 준다. 콩팥 위에 붙어 있는 부신에서 만들어지는 스테로이드 호르몬인 DHEA(dehydroepiandrosterone)는 인기 좋은 보충제다. DHEA는 에스트로겐과 테스토스테론과 같은 성 호르몬의 전구체이며 DHEA 생성은 20대 중반에 최고점에 이르다가 대부분의 사람들의 경우 나이가 들어감에 따라 점차적으로 감소한다. DHEA 생성이 감소하는 것을 방지하기 위해서는 에스트로겐과 테스토스테론의 수준을 유지함으로써 노화 속도를 늦추어야 한다고 제안하면서 DHEA가 에너지, 힘, 면역성을 향상시킨다고 주장한다. 운동선수들은 근육 무게를 늘리고 체지방을 감소시키는 아나볼릭 스테로이드 대신 DHEA를 사용한다. 그러나 보충제가 근육의 크기와 세기를 늘리거나, 노화를 치료하거나, 남성의 성적 기능 장애와 폐경기 증상을 치료하는 데 효과적인 것으로 나타나지는 않았다. DHEA 보충제의 효과에 대한 1년 이상의 연구가 아직 이루어지지 않았고, DHEA 보충제가 성호르몬의 정상 수준을 방해하는지, 간 손상을 포함해 신체에 해로운 영향을 주는지에 대해서는 아직까지 의문이다.

| 3 | 조효소 보충제

많은 비타민이 조효소 기능을 가지나 반드시 음식을 통해 섭취할 필요가 없는 조효소도 있다. 그중 하나는 호기적 대사에 의한 에너지 생성에 필요한 두 반응에 관여하는 조효소 리포산인데, 리포산은 인간 세포에서 적당량 합성될 수 있기 때문에 보충제가 이 조효소에 의해 촉매되는 반응을 촉진시키지는 않는다. 또한 코엔자임 Q라 불리는 유비퀴논은 탄수화물, 지질, 단백질로부터의 에너지 생성에 중요한 조효소이다. 유비퀴논은 전자전달계에서 ATP가 생성되는 호기적 대사의 마지막 단계에 필요하다. 유비퀴논은 이름이 암시하듯 동물, 식물, 미생물 어디에나 존재하고 체내에서 합성되므로 보충제가 대부분의 사람들에게 필요하지는 않다. 유전적으로 미토콘드리아의 기능에 결함이 있는 사람과 크레스토(Crestor)나 리피토(Lipitor) 같이 콜레스테롤을 낮추는 스타틴 약을 복용하는 사람의 경우에는 보충제가 이로울 수 있다. 스타틴은 콜레스테롤과 유비퀴논의 합성에 필요한 효소를 방해하여, 이 조효소가 고갈되는 상태를 일으킬 수 있다. 근육 세포의 미토콘드리아에 코엔자임 Q가 고갈되는 것은 스타틴을 복용하는 일부 사람에게 부작용으로 나타나는 근육 약화의 원인으로 여겨지고 있다. 코엔자임 Q 보충제는 코엔자임 Q의 혈액 농도를 증가시키지만, 그 농도가 코엔자임 Q가 필요한 근육의 미토콘드리아에서 증가될지는 확실하지 않다.

| 4 | 구조적 분자와 조절적 분자를 함유하는 보충제

다양한 이유로 많은 구조적 분자와 조절적 분자를 보충제로 섭취한다. 예를 들면, 카르니틴과 크레아틴 모두 운동능력 향상을 목적으로 판매된다. 카르니틴은 β-산화와 호기적 대사로 분해되는 지방산을 미토콘드리아로 수송하기 위해 필요한 분자이다. 운동 시 보충제가 에너지 공급원으로 지방의 사용을 증가시킨다고 광고하지만, 운동능력을 향상시키는 것으로 나타나지는 않았다. 크레아틴은 크레아틴 인산이라 불리는 고에너지 분자를 만들기 위해 사용되는 작은 분자이며, 크레아틴 인산은 짧은 순간 동안 근육에 에너지를 공급한다. 크레아틴 보충제가 일부 운동선수에게 체력, 운동능력, 고강도 운동으로부터의 회복을 향상시킴으로써 유익한 것으로 나타났다. 그러나 크레아틴 보충제가 지구력을 향상시키는 것은 아니다.

글루코사민, 콘드로이틴, SAM-E는 건강한 관절을 유지하는 데 필요한 분자이며, 관절염의 통증과 진행을 완화시키기 위해 이용되고 있다. 글루코사민과 콘드로이틴은 관절을 보호하는 결합조직의 형태인 연골 세포 내부와 주변에서 발견되는 분자이다. 이들은 체내에서 만들어지며 육류로 된 식사에서 섭취된다. 글루코사민과 콘드로이틴 보충제는 관절염의 통증을 감소시키고, 연골의 퇴화를 멈추게 하며, 손상된 관절과 연골의 회복을 자극하는 것으로 보고되는데, 이 보충제는 일부 사람에게 관절염의 증상을 경감시켜 이로울 수 있다 그림 11-2.

화학적으로 S-아데노실메티오닌이라 알려진 SAM-E는 아미노산 메티오닌의 대사에서 생기는 중간 생성물로서 체내에 존재한다. SAM-E는 연골의 생성을 촉진시키며 관절염의 치료에 유용하다. 또한 우울증과 간질환의 치료에 효과적인 것으로 알려져 있다. 우울증과 관절염이 있는 사람에게 SAM-E가 이롭다는 증거가 있지만, 연구 결과 아직 유용하지는 않으며, 섭취의 위험성이 적절히 평가되지 않았다고 보고되었다.

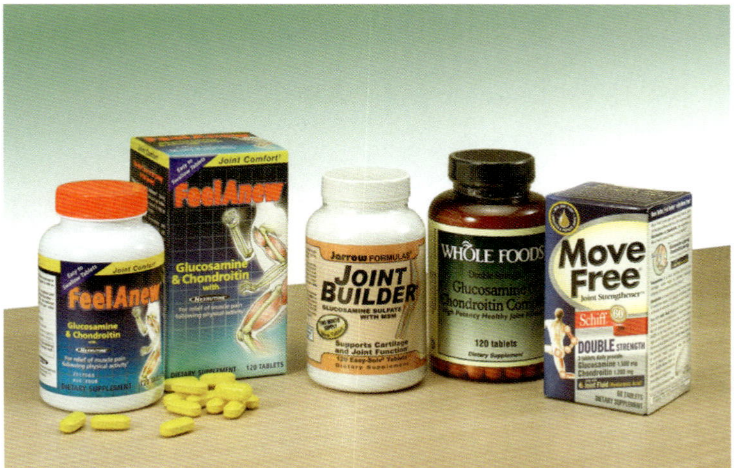

그림 11-2 글루코사민과 콘드로이틴을 함유하는 보충제가 관절염이 있는 사람에게 이롭다는 증거가 있다. 이 보충제의 효과가 나타나기 위해서는 하루에 세 알 정도가 권장된다.

이노시톨은 세포 내부에 전달 암호를 보내는 역할을 하는 세포막에 존재하는 인지질의 성분으로서 포도당으로부터 합성될 수 있다. 이노시톨을 반드시 식이로 섭취할 필요가 있다는 증거는 없지만, 당뇨병이나 부전과 같은 질병을 치료하는데 있어서 의학적 가치가 있을 수는 있다.

| 5 | 약초 보충제

약초는 식물의 생장기 마지막 시기에 죽어 씨를 만드는 초본식물이다. 일반적으로 약초란 단어는 식물의 또는 식물에서 얻은 물질을 의미한다. 역사를 통해서 볼 때, 민간요법에서는 질병을 방지하고 치료하기 위해 약초를 사용해왔는데, 현재까지도 약초와 약초 보충제는 질병을 치료하고 건강을 증진시키는 것으로 인기가 많다. 미국에서 가장 인기 있는 약초 약용제품 7개는 은행잎, 성요한의 풀(세인트존스워트), 인삼, 마늘, 에키나시아, 톱야자, 카바 등이다.

약초 보충제는 손쉽게 이용할 수 있으며 상대적으로 가격이 저렴하며 의사의 처방 없이도 구입할 수 있다. 그러나 자신의 건강을 스스로 관리하기 원하는 사람들은 보충제가 유익하다고 생각할 수 있지만, 보충제가 문제를 일으킬 수도 있다. 의사에 의해 처방되는 약의 경우에는 약의 유익한 효능, 일정한 복용량, 필요에 따라 약의 효능을 바꿀 수 있는 다른 약물로 대체, 건강상태 고려, 약 자체의 부작용 등 다양한 사항을 고려하지만 약초에서는 이러한 사항을 고려할 수 없기 때문이다. 더구나 일부 약초는 그 자체가 독성을 가지는 경우도 있고, 다른 약물과 결합하여 독성을 나타낼 수도 있으며 박테리아나 다른 오염물질을 가지고 있는 것도 있다. 또한 약초는 얼마나 복용해야 하는지 그 복용량을 알기가 어려운데, 예를 들어 압착 포장된 알약에는 각 알마다 모두 같은 분량이 함유되어 있지 않을 수도 있고, 게다가 소비자가 치료의 주체이기 때문에 약초요법이 부적절하게 적용될 수도 있으며, 경우에 따라서는 의학적 도움을 시기적절하게 받지 못할 수도 있다.

아울러, 약초가 이로울 수도 있지만 과량 복용 또는 약초와 약물의 결합으로 인한 부작용이 종종 발생되기도 한다. 심지어 어떤 경우에는 약초 보충제의 사용이 해로울 수도 있다. 예를 들면, 세인트존스워트는 마취 효과를 연장하고 증대시킬 수 있기 때문에 수술을 앞둔 최소한 2~3주 전에는 복용을 중단해야 한다. 또한 임신기에는 약초제품 복용을 피해야 한다. 블루 코호쉬(blue cohosh: 월경통 치료에 사용됨), 노간주나무속(속쓰림에 사용됨), 박하 또는 로즈마리(소화장애에 사용됨), 샐비어(복통에 사용됨), 측백나무(호흡기감염에 사용됨), 라즈베리 차(입덧의 치료에 사용됨)는 자궁의 수축을 자극할 수 있어 유산과 조산의 위험을 증가시킬 수 있다. 약초나 약초 보충제의 복용을 생각하고 있다면 표 11-1에 나와 있는 지침을 따르면 된다.

표 11-1 약초 보충제 선택 시 고려할 점

- 건강이 좋지 않거나 약을 복용하고 있다면, 약초를 섭취하기 전에 의사와 상담한다.
- 임신 중에는 약초를 섭취하지 않는다.
- 어린이에게는 약초를 먹이지 않는 것이 좋다.
- 약초제품은 안전하다고 추측해서는 안 된다.
- 독성이 알려진 약초는 섭취하지 않는다.
- 라벨에 적혀 있는 주의사항과 구성성분을 잘 읽어본다.
- 복용량을 낮은 단계부터 시작하고, 부작용이 나타나는 제품의 섭취는 중단해야 한다.
- 약초가 조합된 것을 섭취하지 않는다.
- 오랜 기간 동안 약초를 섭취하지 않는다.
- 신비한 치료를 하는 것처럼 광고하는 제품은 선택하지 말며, '마법의', '기적의 치료', '새로운 발견'과 같은 말을 사용하는 제품은 경계해야 한다.

5-1 은행잎

'공작 고사리'라 불리는 은행잎은 미국에서 가장 잘 팔리고 있는 약용 약초제품이다. 은행잎이 중국에서 천식과 피부감염을 치료하는 약으로 수천 년 동안 사용되어 왔지만, 오늘날은 기억력을 증가시키고 순환기 계통의 질병을 치료하기 위해 이용된다. 이러한 인기에도 불구하고, 임상실험은 은행잎 보충제가 건강한 성인에게 기억력과 인지 기능에 유익함을 주는지 예측할 수 없다고 한다. 은행잎 보충제의 섭취는 두통이나 위장 증상과 같은 부작용을 가져올 수 있고, 많은 약물과 상호작용 하여 해로울 수도 있다. 즉, 와파린이나 아스피린과 결합되면 출혈을 일으키고, 이뇨제인 티아지드와 결합되면 혈압이 올라가며, 항우울제인 트라조돈과 결합되면 혼수상태를 일으킬 수 있다.

5-2 세인트존스워트

세인트존스워트는 정신건강 향상을 위해 복용하는데, 항우울제인 플루옥세틴에서 발견되었으며 적은 양의 화학물질을 가지고 있는 것으로 분석되었다. 효과에 대한 임상실험은 일치하지 않는 것으로 나타났지만, 일부 사람들은 우울증의 치료에 효과가 있다고 생각한다. 부작용으로는 메스꺼움과 알레르기 반응이 나타난다. 세인트존스워트는 항우울제와 함께 복용되어서는 안 되며, 혈액응고를 방해하는 물질, 심장약, 경구피임약, 인체면역결핍바이러스 감염치료에 사용되는 약과도 상호작용하므로 이를 유의해야 한다.

5-3 인삼

인삼은 전통 약제로서 오랜 역사를 가지고 있다. 인삼은 정력 증강, 스트레스 감소, 최음 등의 특성 때문에 수 세기 동안 아시아에서 사용되었는데, 오늘날은 심장혈관 건강, 중추신경계, 내분비 기능, 성적 기능에의 효과 때문에 서양에서도 인기가 좋다. 심장혈관 건강과 암 예방에 관한 인삼의 잠재적 유익을 증명하는 동물연구와 세포배양 연구는 있지만, 사람에게서 인삼의 효과를 지지할 만한 임상실험은 거의 없다. 이러한 잠재적 이익과 함께 중국 약제에서 사용했던 역사에도 불구하고, 인삼이 모든 사람에게 안전한 것은 아니다. 인삼이 출혈시간을 변화시킬 수 있으므로 와파린을 복용하고 있는 사람에게 사용해서는 안 되며, 에스트로겐, 코르티코스테로이드, 항우울제, 모르핀과 같은 약제와도 상호작용하므로 유의해야 한다. 또한, 다른 약을 복용하고 있지 않은 사람에게도 인삼은 설사, 두통, 불면증, 혈압 변화 같은 부작용을 일으킬 수 있다.

5-4 마늘

서양에서 마늘은 흡혈귀를 멀리 하려 할 때 많이 사용되어 왔다. 서양의학의 아버지로 간주되는 히포크라테스는 암과 소화장애뿐만 아니라 폐렴과 감염을 치료하기 위해서도 마늘을 권장했다. 현대에 와서는 더 이상 그러한 용도로써 권장되지는 않지만, 최근 연구에서는 마늘이 혈중 콜레스테롤을 낮추는 것이 밝혀졌다. 콜레스테롤을 낮추려고 마늘을 많이 먹는다면 아마 흡혈귀뿐만 아니라 친구나 가족도 당신을 피하려고 할 것이다. 그래서 보충제 제조업자들은 이렇게 코를 찌르는 식품을 먹지 않고 식사를 통해 섭취를 늘릴 수 있는 방법을 제공하였고, 이로써 일부 제조품은 악취를 없앤 형태로 나와 있다. 그러나 마늘 보충제가 모든 사람에게 다 안전한 것은 아니다. 미국국립 보건원은 인체면역결핍바이러스 감염치료를 받고 있는 사람에게는 마늘 보충제가 해로울 수 있다고 주장한다. 또한 마늘 보충제는 항응고제인 와파린과 상호작용하여 출혈을 일으킬 수도 있다.

5-5 에키나시아

아메리카 원주민은 감기, 독감, 감염을 치료하기 위해 에키나시아 식물의 꽃잎을 사용하였으며, 현재 에키나시아 뿌리가 감기치료제로 이용되고 있다. 에키나시아가 면역체계 자극물질로 작용한다고 가정하고 있지만, 감기의 예방이나 치료에 유익하다는 증거는 거의 없다. 또 부작용이 보고된 바는 없지만 알레르기 가능성이 있다.

5-6 톱야자

전통적으로 미국에서 자라는 야자나무의 열매에서 얻은 톱야자는 요로와 정관의 문제를 치료하는 데 이용되었다. 정액 생산, 가슴 크기, 성욕을 향상시키고 자극이 적은 이뇨제로 사용한다. 요즘은 전립선비대를 치료하고 소변의 흐름을 향상시키기 위해 팔린다. 이후, 보충제 효과에 대해 다시 실시된 조사에서 요로증상과 소변의 흐름에 적당한 개선을 제공한다는 것으로 알려졌지만, 장기간 복용했을 때의 안전과 효과는 밝히지 못했다. 나타날 수 있는 부작용으로는 변비, 성욕감퇴, 두통, 고혈압, 메스꺼움, 소변이 안 나오는 증상 등이 있다.

5-7 카바

카바는 전통적으로 남태평양의 결혼과 탈상 같은 의식에서 특별히 제공되는 음료이며, 오늘날은 스트레스와 불안을 경감시키는 데 사용된다. 임상실험 결과, 단기간의 투약은 불안감을 경감시키는 데 효과적이라고 결론지었다. 그러나 카바가 스트레스를 경감시켜 주는 가장 안전한 방법이라고 말할 수는 없다. 2002년 FDA는 카바가 간염, 간경변, 간부전 같은 간 손상을 일으킬 수 있다고 경고하였다. 이러한 위험 때문에 카바는 많은 유럽국가, 캐나다, 호주, 싱가폴 등의 시장에서 사라지고 있다.

찾·아·보·기

| ㅋ |

| ㅌ |

| ㅍ |

| ㅎ |

| 기타 |

식생활과 건강

초판인쇄 · 2010년 3월 10일
초판발행 · 2010년 3월 15일

편 저 자 · 이지연, 최정희, 이정희, 이승민, 이애자, 이영미, 최영희
발 행 인 · 김호석
발 행 처 · 도서출판 대가
등 록 · 제 311-47호
주 소 · 서울시 마포구 상수동 6-1 대한실업빌딩 301호
전 화 · 02-305-0210, 02-306-0210
팩 스 · 02-305-0224
E-mai · dga1023@hanmail.net
Homepage · www.bookdaega.com

I S B N · 978-89-6285-036-9 93590
정 가 · 15,000원